W0253725

VERSTÄNDLICHE WISSENSCHAFT

ZWEIUNDSECHZIGSTER BAND

BERLIN · GÖTTINGEN · HEIDELBERG
SPRINGER-VERLAG

LUFTELEKTRIZITÄT UND RADIOAKTIVITÄT

VON

HANS ISRAËL

PROFESSOR AN DER RHEINISCH-WESTFÄLISCHEN TECHNISCHEN HOCHSCHULE
UND LEITER DES METEOROLOGISCHEN OBSERVATORIUMS AACHEN
DES DEUTSCHEN WETTERDIENSTES

1.–6. TAUSEND

MIT 86 ABBILDUNGEN

BERLIN · GÖTTINGEN · HEIDELBERG
SPRINGER-VERLAG

Herausgeber der Naturwissenschaftlichen Abteilung:
Prof. Dr. Karl v. Frisch, München

ISBN-13:978-3-642-94716-2 e-ISBN-13:978-3-642-94715-5
DOI: 10.1007/978-3-642-94715-5

Softcover reprint of the hardcover 1st edition 1957

Druck von J. P. Peter, Gebr. Holstein, Rothenburg o. T.

Vorwort

Die Darstellung der elektrischen Erscheinungen in der Atmosphäre, wie sie im vorliegenden Bändchen gegeben wird, ist aus einer einführenden Vorlesung über diese Dinge entstanden. Sie verfolgt die Absicht, in kurzer und allgemein verständlicher Art dem Leser Eingang in die Probleme eines Gebietes zu verschaffen, von dem zwar häufig und gerade heute im Zusammenhang mit Atomspaltung, Atombomben und radioaktiver Verseuchung der Luft immer wieder die Rede ist, über dessen Grundlagen und Einzelheiten aber im allgemeinen in weiten Kreisen völlig unzureichende Vorstellungen herrschen.

Es mag dies damit zusammenhängen, daß die über die reine Fachveröffentlichung hinausgehende Publizistik auf diesem Gebiet verhältnismäßig gering ist: Monographische Übersichtsdarstellungen des Gesamtgebietes fehlen seit langem, solche in allgemein verständlicher Art, die sich an einen größeren Leserkreis wenden, seit Jahrzehnten völlig.

So mag das vorliegende Bändchen in mehrfacher Hinsicht eine Lücke schließen helfen. Dem Charakter der Reihe „Verständliche Wissenschaft" entsprechend wendet es sich gleichzeitig an den Fachmann und an den Nichtfachmann, um beiden die seit langem fehlende deutschsprachige Gesamtdarstellung unserer heutigen Kenntnisse und Anschauungen auf diesem Gebiet zu vermitteln. An den fachkundigen Leser sei dabei die Bitte um Verständnis dafür gerichtet, daß im Interesse der Klarheit und Anschaulichkeit der Darstellung auf zahlreiche Einzelheiten, auf Verfassernamen und auf Literaturangaben verzichtet werden mußte; alle Einzelheiten dieser Art sind einem im Druck befindlichen zweibändigen Werk des Verfassers „Atmosphärische Elektrizität*" vorbehalten. Der Nichtfachmann möge verstehen, daß auf die mathematische

* Akad .Verl.-Ges., Leipzig.

Einkleidung nicht ganz verzichtet werden konnte. Diese ist in der Regel in Kleindruck gesetzt und kann im allgemeinen überschlagen werden, ohne daß die Verständlichkeit des Folgenden leidet.

Das Erscheinen des Bändchens fällt in die Zeit der Vorbereitungen zum bevorstehenden „Internationalen Geophysikalischen Jahr,“ in dem auch den atmosphärisch-elektrischen Problemen eine vermehrte Tätigkeit an einer Reihe von Stellen in der ganzen Welt gewidmet werden wird. Wenn die im Folgenden gegebene Übersichtsdarstellung auch hier zusätzlich zu den vorbereitenden Fachveröffentlichungen ihrerseits zur Arbeitsgestaltung auf luftelektrischem Gebiet einen Beitrag liefern kann — z. B. etwa durch den erneuten Hinweis auf die Notwendigkeit von synoptisch-luftelektrischer Arbeit, von Sphericsuntersuchungen u. a. m. —, so wäre das dem Verfasser eine besondere Freude.

Dem Herausgeber der Reihe, Herrn Prof. Dr. K. v. Frisch, danke ich herzlich für manchen wertvollen Hinweis zur Art der Darstellung. Dem Verlag gebührt mein Dank für sein Entgegenkommen meinen Vorschlägen und Wünschen gegenüber und für die Ausgestaltung des Bändchens.

Allen denen, die mich bei der Vorbereitung und beim Lesen der Korrekturen unterstützt haben, sei auch an dieser Stelle herzlich dafür gedankt.

Aachen, den 15. Oktober 1956 *H. Israël*

Inhaltsverzeichnis

I. Übersicht

1. Grundtatsachen

Naturerscheinungen, die bei uns unmittelbare Sinneseindrücke hinterlassen, werden leichter erkannt und verstanden als solche, die erst durch technische Hilfsmittel zur sinnlichen Wahrnehmung gebracht werden müssen: Luftwärme, Wind, Licht empfinden wir direkt; für Magnetismus, Elektrizität, Strahlungen dagegen fehlen uns entsprechende Sinnesorgane.

Wir können deshalb normalerweise nichts davon empfinden, daß sich in der Atmosphäre ständig elektrische Vorgänge mannigfacher Art abspielen. Erst wenn diese solche Ausmaße annehmen, daß es zu gewittrigen Entladungen kommt, vermögen wir das Wirken dieser elektrischen Kräfte unmittelbar wahrzunehmen. Wir müssen uns also nach geeigneten Hilfsmitteln umsehen, die uns die elektrischen Vorgänge in der Atmosphäre kenntlich machen, auch ohne daß diese sich im Gewitter manifestieren.

Wir können dazu schon unsere Radioantenne benutzen (vorausgesetzt, daß es sich um eine Außenantenne handelt). Wir lösen diese vom Empfänger und führen sie über eine Funkenstrecke zur Erde. Wir beobachten dann, daß nicht nur bei Gewitter, sondern nicht selten auch bei nichtgewittrigem Regen, bei Schneefall oder Regen-Schnee-Gemisch Fünkchen überspringen. Benutzen wir an Stelle der Antenne eine hohe Metallstange, die an ihrem oberen Ende zugespitzt ist, isolieren sie (etwa durch Befestigung an einem Holzmast) und führen sie wieder über eine Funkenstrecke zur Erde, so beobachten wir das Gleiche. Wir schließen daraus, daß der Niederschlag zeitweilig offenbar beträchtliche elektrische Ladungen mit sich führen kann (der Versuch gelingt nur, wenn wir für gute Isolation — auch bei Niederschlag! — sorgen). Ohne Gewitter bzw. Niederschlag beobachten wir keinen Funkenüberschlag und ziehen daraus den Schluß, daß offensichtlich Gewitterelektrizität und Niederschlag eng miteinander verbunden sind.

Verlängern wir unsere Stange nun in der Weise, daß wir einen mit Draht gefesselten Ballon oder Drachen steigen lassen, und führen das untere Ende des Fesseldrahtes zu unserer Funkenstrecke, so springen bei genügender Höhe unseres Ballons oder Drachens jetzt auch Fünkchen über, *ohne* daß Gewitter herrscht, Niederschlag fällt oder überhaupt Wolken vorhanden sind. — Wir haben damit etwas Neues entdeckt: *Die „Schönwetter-Elektrizität"*.

Unsere zuerst genannten Versuche mit der Antenne und der Stange waren offenbar nicht empfindlich genug, um diese in ihrem Betrag geringere Schönwetterelektrizität anzeigen zu können. Wir machen deshalb versuchsweise die Anordnung dadurch empfindlicher, daß wir das untere Stangenende mit einem „Elektroskop" verbinden.

Abb. 1. Elektroskop

An einen kleinen Metallbügel hängen wir an dünnen Fäden 2 leichte Kügelchen aus Holundermark oder Papier auf, die dann in ungeladenem Zustand nebeneinander hängen und sich bei Ladung infolge ihrer Abstoßung spreizen. Jetzt beobachten wir dann in der Tat auch bei schönem Wetter stets eine Spreizung der Fäden* und fassen unsere bisherige Erfahrung zusammen in dem

Satz 1: In der Atmosphäre besteht stets und überall ein elektrischer Zustand.

Nun verbessern wir unser Elektroskop, indem wir es zum Schutz vor Luftzug in ein Glasgefäß einschließen (vgl. Abb. 2) und stellen mit ihm weitere Versuche an:

Wird ein solches Elektroskop z. B. auf den Boden aufgesetzt, hier vorübergehend geerdet und dann (natürlich im Freien!) über Kopfhöhe hochgehoben, so spreizen sich dabei die Kügelchen;

* Mit unserer Radioantenne wird dieser Versuch im allgemeinen nicht gelingen, da er, wie alle luftelektrischen Versuche, eine *sehr viel bessere* Isolation verlangt, als sie Radioantennen im allgemeinen besitzen. „Isolation" ist ein relativer Begriff: Die Frage, ob ein Gegenstand „isoliert" oder nicht, hängt eng mit den Ansprüchen zusammen, die wir an einen Isolator stellen. Vollkommene Isolation gibt es überhaupt nicht; also müssen wir fragen, ob ein solcher Gegenstand den Verlauf des betreffenden elektrischen Vorganges stört oder nicht. Ich kann z. B. ohne Gefahr ein Streichholz in eine Steckdose hineinstecken und anfassen — und mit dem gleichen „isolierenden" Hölzchen ein Elektroskop entladen.

beim Senken fallen sie wieder zusammen. Wird umgekehrt das System in hochgehaltenem Zustand kurz geerdet und dann auf den Boden gestellt, so spreizen sich jetzt die Kügelchen beim Senken und verharren in diesem Zustand.

Die Erklärung ist einfach: Wir haben Influenzversuche* angestellt. Beobachten wir eine Spreizung der Kügelchen, so bedeutet das, daß sie eine elektrische Ladung tragen. Dabei kann es sich sowohl um eine wahre Ladung des ganzen Systems wie auch um

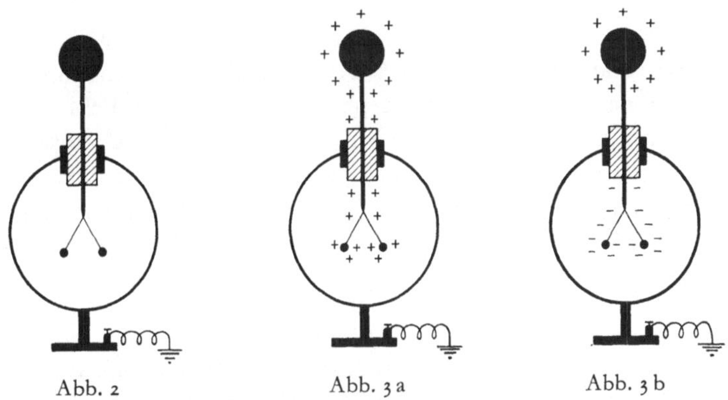

Abb. 2. Elektroskop in Schutzgehäuse

Abb. 3. a Elektroskop mit wahrer Ladung; b Elektroskop ungeladen, aber durch äußeres Feld influenziert

eine Influenzladungsverschiebung innerhalb des im ganzen ungeladenen Systems handeln (vgl. Abb. 3).

* Dem „Influenzbegriff" liegt folgende Vorstellung zugrunde: ein elektrisch neutraler Körper enthält gleichviel positive und negative Ladungen. Diese sind so miteinander gemischt, daß sich ihre Wirkungen nach außen hin aufheben; d. h. der Körper ist „elektrisch neutral". Wirken nun auf einen solchen Körper und die in ihm enthaltenen Ladungen von außen her anziehende bzw. abstoßende Kräfte von Ladungen im Außenraum, so ziehen diese die Ladungen des einen Vorzeichens an und stoßen gleichzeitig die des anderen ab. Der „influenzierte Körper" enthält also in verschiedenen Teilen verschiedene Mengen der beiden Ladungsvorzeichen. — Man kann zum Beweis dessen folgenden Versuch machen:

2 Metallplättchen, die aufeinander liegen, werden so in ein Feld gebracht, daß die Kraftlinien dieses Feldes senkrecht zu den Flächen der Plättchen verlaufen. Trennt man die beiden Plättchen im Feld voneinander und bringt sie isoliert in einen feldfreien Raum, so erweisen sie sich beide als geladen. Bei gleicher Größe und Form der Plättchen tragen sie gleiche Ladungen verschiedenen Vorzeichens (Anordnungen dieser Art werden direkt zur Feldmessung benutzt).

Bei unserem ersten Versuch mit der hohen Stange war durch Spitzenwirkung eine wahre Aufladung des Systems Stange-Elektroskop erzeugt worden. Beim zweiten Versuch (Spreizen beim Heben oder Senken des Elektroskops) dagegen kam nur Ladungstrennung unter der Wirkung eines äußeren influenzierenden Feldes zustande. Wir haben damit den elektrischen Zustand in der Atmosphäre als „*elektrisches Feld*"* erkannt:

Satz 2: In der Atmosphäre besteht stets und überall ein elektrisches Feld.

Die physikalische Erfahrung kennt positive und negative Ladungen und dementsprechend 2 verschiedene Feldrichtungen. Wir können in unserem atmosphärisch-elektrischen Feld leicht die Richtung feststellen, wenn wir dem Elektroskop bei gespreizten Kügelchen einen geladenen Gegenstand nähern: Bringen wir etwa einen geriebenen Glasstab (positiv!) oder einen geriebenen Hartgummistab (negativ!) in seine Nähe, so werden die Kügelchen ihre Spreizung vergrößern oder verkleinern, je nachdem, ob ihre Ladung gleiches oder entgegengesetztes Vorzeichen zu der des Versuchsstabes hat. — Führt man dies bei den beschriebenen Influenzversuchen im luftelektrischen Feld durch, so findet man, daß in der Regel bei Spreizung im hochgehobenen Zustand die Kügelchen positive Ladung anzeigen, während bei Spreizung am Boden (nach vorübergehender Erdung in exponiertem Zustand) negative Ladung angezeigt wird. Wir entnehmen daraus, daß in der Regel unser atmosphärisches Feld offenbar die Erdoberfläche zur negativen Begrenzung hat, während sich die positive irgendwo über uns in der Höhe befinden muß**.

Weiter finden wir, daß bei „Schönwetter" ausschließlich diese Feldrichtung besteht, daß dagegen bei Gewitter im allgemeinen

---

* In der Physik bezeichnet man mit dem Begriff „Feld" einen von bestimmten Kräften erfüllten Raum. Die Magnetnadel stellt sich in die Nord-Süd-Richtung ein, einerlei ob ich sie im Bergwerk unter der Erde, auf der Erde oder im Flugzeug benutze; die Erde besitzt — wie wir sagen — ein Magnet-*Feld*. Ebenso besitzt sie ein Schwere-*Feld* und — wie wir jetzt erkennen — ein elektrisches *Feld*.

** Eine andere Deutungsmöglichkeit wäre die, daß die Erde eine negative elektrische Ladung gegenüber dem Weltraum trägt. In diesem Falle ist die Annahme einer positiven Gegenseite nicht notwendig: Sie liegt — wie man sagt — „im Unendlichen". Indes läßt sich leicht zeigen (s. später), daß diese Auffassung nicht richtig sein kann, da sie zu anderen Beobachtungen im Widerspruch steht.

die umgekehrte Richtung vorherrscht. Bei Regen und Bewölkung kommen beide Richtungen vor.

Entsprechend der physikalischen Ausdrucksweise, die als „Richtung eines elektrischen Feldes" die Richtung von seiner positiven zu seiner negativen Seite bezeichnet, weist also die luftelektrische Feldrichtung in der Regel zum Erdboden hin. Da man ein Feld dieser Richtung im luftelektrischen Sprachgebrauch als „positives Feld" bezeichnet, so gilt also

Satz 3: Das atmosphärisch-elektrische Schönwetterfeld ist ausnahmslos positiv, das Gewitterfeld dagegen im allgemeinen negativ. Bei Bewölkung und Niederschlag kommt beides vor.

Wir haben mit diesen Versuchen einige Grundtatsachen der atmosphärisch-elektrischen Erscheinungen kennengelernt. Gleichzeitig haben wir damit die historische Entwicklung der ersten Jahrzehnte luftelektrischer Arbeit in der Mitte des 18. Jahrhunderts nacherlebt (Genaueres dazu s. im Schlußkapitel).

Unser nächster Schritt soll darin bestehen, unsere Kenntnisse über die in den 3 Sätzen formulierten Erfahrungen hinaus zu erweitern. Nun hat sich auch in der Entwicklung dieses Gebietes gezeigt, daß die Ausdehnung experimenteller Erfahrungen stets engstens mit der Verbesserung der Meßtechnik verknüpft ist. Wir wollen uns im weiteren in unserem Streben nach einem Überblick über die atmosphärisch-elektrischen Erscheinungen von dieser Erfahrung leiten lassen und müssen uns deshalb zunächst mit der Weiterentwicklung der Meßtechnik beschäftigen, um dann mit diesen verbesserten Hilfsmitteln erneut an die Erscheinungen selbst heranzugehen.

2. Instrumentelles

Als Erstes soll an Stelle der qualitativen Elektroskop*anzeige* eine quantitative *Messung* gesetzt werden. Man könnte dazu etwa so vorgehen, daß bei Spreizung der Kügelchen ihr Abstand gemessen und als quantitatives Maß benutzt wird, doch würde sich ein solches Instrument für viele Zwecke als zu unempfindlich erweisen.

Ersetzt man die beiden aufgehängten Kügelchen durch 2 Blättchen aus ganz dünner Aluminiumfolie oder Blattgold und mißt deren Spreizung, so ist damit schon ein recht empfindliches Elektrometer konstruiert. Abb. 4 zeigt ein solches „Blättchen-Elektrometer“, wie es zuerst 1887 von F. EXNER in Wien angegeben wurde. — Man kann weiter die Blättchen durch feine Platin- oder Quarzfäden ersetzen und sie mittels eines Mikroskops beobachten.

Abb. 5 zeigt ein solches „Zweifaden-Elektrometer“ nach T. WULF (1909) im Schnitt (das Ablesemikroskop ist weggelassen). — Noch höhere Empfindlichkeit erzielt man,

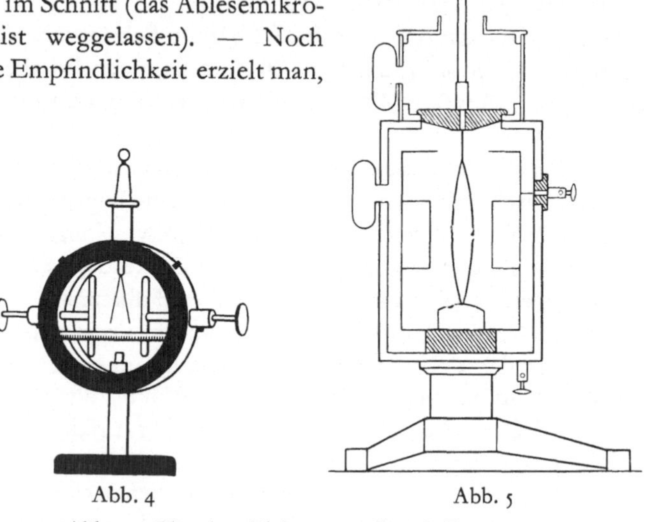

Abb. 4 Abb. 5

Abb. 4. „Blättchen-Elektrometer“ nach EXNER
Abb. 5. „Zweifadenelektrometer“ nach T. WULF im Schnitt

wenn man die Bewegung eines leichten Gegenstandes in einem stark elektrischen Hilfsfeld beobachtet. Die beiden Abb. 6 u. 7 zeigen die Ausgestaltung dessen zu einem „Einfaden-Elektrometer“ (vgl. Abb. 6) bzw. einem „Quadrant-Elektrometer“ (vgl. Abb. 7). Auf diesem Wege lassen sich die höchsten elektrometrischen Empfindlichkeiten erzielen, bei denen noch Tausendstel Volt und weniger gemessen werden können.

Naheliegend und im Prinzip einfach ist auch die Verwendung von Verstärkerröhren, bei denen die zu messende Spannung am Gitter der Röhre liegt und den Anodenstrom „steuert“ (vgl. Abb. 8). Meßanordnungen auf dieser Basis sind in mancher Hinsicht bequemer zu handhaben als die Elektrometer, vor allem für die fortlaufende automatische Aufzeichnung von Meßwerten — die sog. „Registrierung" —, erreichen aber weder die Zuverlässigkeit noch die Höchstempfindlichkeit der Elektrometer.

Als nächstes suchen wir die Meßweise zu verbessern, um den qualitativen Nachweis eines elektrischen Feldes bestimmter Richtung in der Atmosphäre, wie wir ihn oben geführt haben, durch

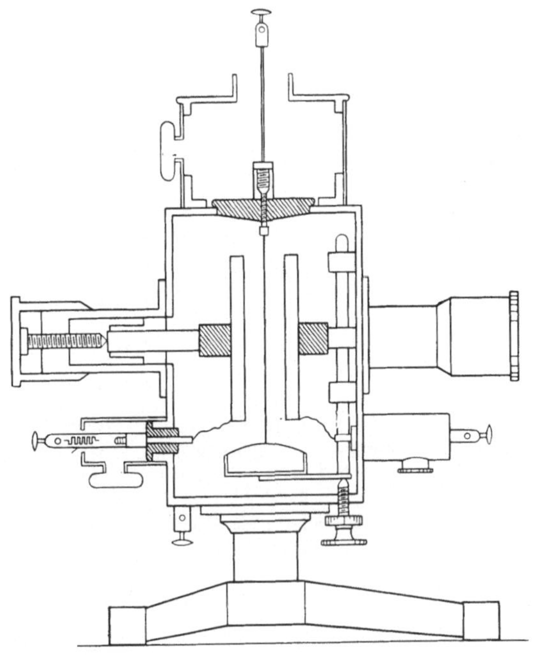

Abb. 6. „Einfaden-Elektrometer" nach T. WULF im Schnitt

exakte Messungen zu ersetzen. Dies ist leicht möglich, wenn man sich die Influenzwirkung des Feldes zunutze macht:

Abb. 9 zeigt das Prinzip einer solchen Anlage: Eine Metallplatte wird isoliert so aufgestellt, daß sie als ein Teil der Erdoberfläche gelten kann, und mit einem Meßinstrument verbunden. Solange sie durch eine geerdete Metallplatte gegen das Feld abgeschirmt ist, zeigt das Instrument keinen Ausschlag (linkes Teilbild). Wird der Deckel entfernt (rechtes Teilbild), so ruft das luftelektrische Feld eine Influenzierung der dargestellten Art hervor, unter deren Wirkung sich die Blättchen des Elektrometers spreizen. Schirmt man die Platte wieder ab, so verschwindet die Influenzierung wieder. — Läßt man die abschirmende Platte um eine senkrechte Achse rotieren und treibt sie durch einen Motor an, so entsteht eine Wechselspannung, die unmittelbar oder nach Verstärkung und Gleichrichtung gemessen wird. Solche „rotierenden elektrostatischen Voltmeter" oder „Feldmühlen" sind in verschiedenen Ausführungen vielfach im Gebrauch.

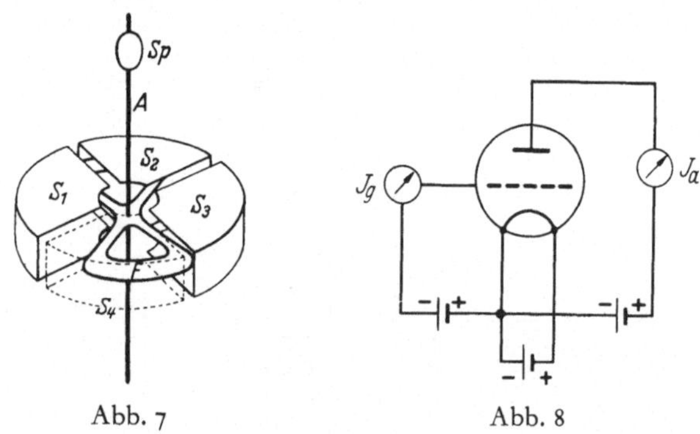

Abb. 7

Abb. 8

Abb. 7. „Quadrant-Elektrometer" im Schnitt. Die Drehung des Systems zwischen den auf Vorspannung entgegengesetzten Vorzeichens gehaltenen Quadrantenpaaren S_1S_3 und S_2S_4 wird durch die Spiegeldrehung sichtbar gemacht

Abb. 8. Schema einer „Dreielektroden-Röhre"; J_a Anodenstrom; J_g Gitterstrom

In mancher Hinsicht bequemer und deshalb auch häufiger verwandt ist die sog. „Kollektormethode". Auch diese ist von der Influenzwirkung des Feldes her zu verstehen: Wenn wir einen beliebig geformten Metallkörper isoliert in ein elektrisches Feld bringen, so deformiert er das Feld (vgl. Abb. 10).

Aequipotentialflächen*, die den Aufbau und Verlauf des Feldes anzeigen, weichen in der dargestellten Art (Abb. 10a) nach beiden Seiten aus — ähnlich wie Stromlinien beim Umströmen eines Hindernisses. Nur eine derselben — V_L — mündet auf dem

* Zum Verständnis dieses Begriffes überlegen wir uns folgendes: Um einen Körper in einem elektrischen Feld zu bewegen, muß Arbeit aufgewendet werden. Soll er z. B. in Abb. 10 von der Erdoberfläche zur Fläche V_L gebracht werden, so ist dazu stets die gleiche Arbeit erforderlich, gleichgültig, wo ich den Versuch mache. Die Fläche V_L hat eben — so sagt man — an allen ihren Punkten das Potential V_L gegen Erde, sie ist eine „Aequi"-Potential-Fläche.

Körper in seiner „neutralen Linie“ *nn* ein und verleiht ihm das betreffende Potential. Die Messung der Potentialdifferenz zwischen diesem V_L und etwa der unteren Feldbegrenzung stößt auf Schwierigkeiten, weil jede Meßanordnung eine zusätzliche Feldstörung zur Folge hat, die den Verlauf der Aequipotentialflächen in Abb. 10b abwandelt.

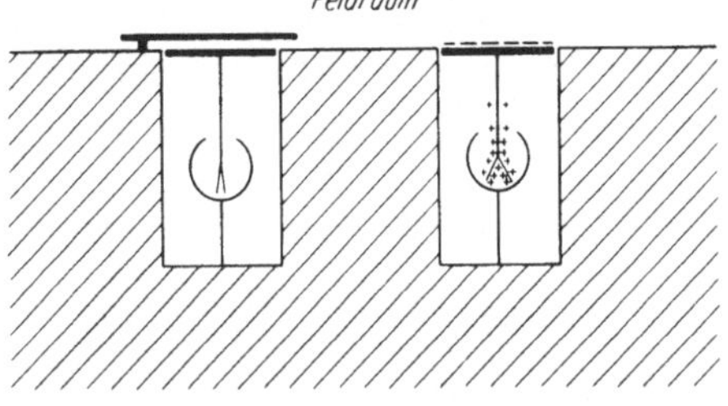

Abb. 9. Prinzip der „influenzelektrischen Feldmessung“

Eine Abhilfe bietet sich dann, wenn es gelingt, die neutrale Linie *nn* auf eine bestimmte Stelle des Körpers festzulegen und sie hier festzuhalten, unabhängig davon, was durch die Meßanordnung noch hinzugeschaltet wird. Dies läßt sich erreichen: Die Influenzwirkung des Feldes ruft im Körper Ladungstrennung entsprechend Abb. 10a hervor. Die Trennungslinie zwischen beiden Influenzladungen ist eben die „neutrale Linie“ *nn*. Wenn ich nun für Abführen der Influenzladung in einem beliebigen Punkt (z. B. *P* in

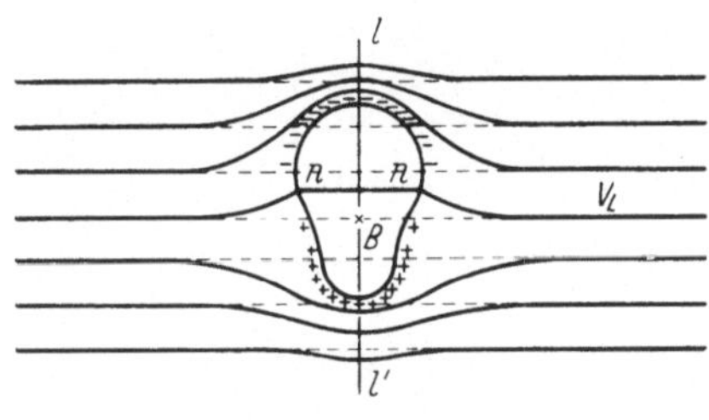

Abb. 10a

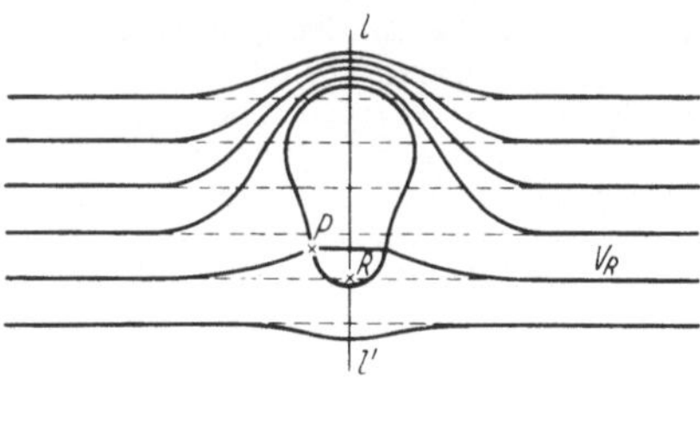

Abb. 10b

Abb. 10. Prinzip der „Kollektormethode“ der Feldmessung. a: Störung des Feldaufbaues durch einen Metallkörper. Der ungestörte Verlauf ist durch Strichelung angedeutet. *B* „Bezugspunkt; *nn* „neutrale Linie“; *l l'* Symmetrielinie des Körpers. b: Veränderung des Bildes bei künstlichem Ladungsausgleich in P. R.: „Referenzpunkt“

Abb. 10b) sorge, so erzwinge ich damit eine andere Lage der „neutralen Linie" und damit das Einmünden einer anderen Aequipotentialfläche — V_R — auf dem Körper.

Jetzt lassen sich Einrichtungen zur Messung des Spannungsunterschiedes V_R gegenüber der Feldbegrenzung (z. B. ein Elektrometer) anschalten, ohne daß dies die Situation noch merklich ändert. Anwendung dieses Verfahrens im luftelektrischen Feld liefert also einen Wert für die Spannungsdifferenz des „Referenzpunktes" R gegen Erde und damit ein Maß für Stärke und Richtung des Feldes.

Abb. 11. Messung des luftelektrischen Potentialgefälles mittels „radioaktiven Kollektors": Am oberen Ende der Stange befindet sich das radioaktive Präparat. Die Stange ist von einem Spezial-Isolator getragen. Die Spannung, die das System gegen Erde annimmt, wird durch ein hochisolierendes Kabel zum Meßinstrument geführt. Die Grube dient — mit Wasser gefüllt — als Schutz gegen kriechende Insekten, Spinnen usw.

Der Ausgleich der Influenzladung kann in folgender Weise geschehen: Berühre ich die Stelle P des Körpers in Abb. 10a mit einem kleinen ungeladenen Metallkügelchen, das an einem isolierten Stil gehalten wird, so teilt sich diesem etwas von der Influenzladung mit. Berühre ich jetzt mit dem Kügelchen die Erde, so fließt seine Ladung ab; ich kann also erneut in P etwas Ladung aufnehmen usw., bis die Ladungsdichte dort auf 0 gesunken ist, sich also der in Abb. 10b dargestellte Zustand eingestellt hat. — Praktisch führt man dies so aus, daß man an der Stelle P Wasser abtropfen oder zerstäuben läßt.

Eine andere Methode besteht darin, die Luft in der Umgebung des Punktes P elektrisch leitend zu machen und so den Ausgleich der Influenzladung zu erzwingen. Dies gelingt mit Flammen, mit Spitzenwirkung oder mit radioaktiven Präparaten. Besonders die letztgenannte Art findet als sog. „Radioaktiver Kollektor" weitverbreitete Anwendung.

Abb. 11 zeigt eine moderne Anordnung zur Messung des luftelektrischen Feldes oder — wie man richtiger sagt — des luftelektrischen Potentialgefälles.

Damit ist das erforderliche Instrumentarium für luftelektrische Untersuchungen in seinen Grundzügen beschrieben. Wir werden — soweit erforderlich — später noch Einzelheiten dazu ergänzen. Wir wollen nun mit diesen Instrumenten in Gedanken möglichst umfangreiche Messungen anstellen und gewinnen so unseren gesuchten allgemeinen Überblick.

3. Allgemeiner Überblick

Wir beschränken uns zunächst auf gutes Wetter ohne Wolken und Niederschläge. Dann ergeben sich für das atmosphärisch-elektrische Feld folgende Eigenschaften:

1. Messen wir über ebenem Gelände, so finden wir im Mittel praktisch auf der ganzen Erde über Festländern und Ozeanen den gleichen Feldstärkewert von etwa 130 V/m (Volt pro m). Das Feld ist also, wie man sagt, eine „planetarische" Eigenschaft der Erde, d. h. eine Eigenschaft der Erde als Ganzes.

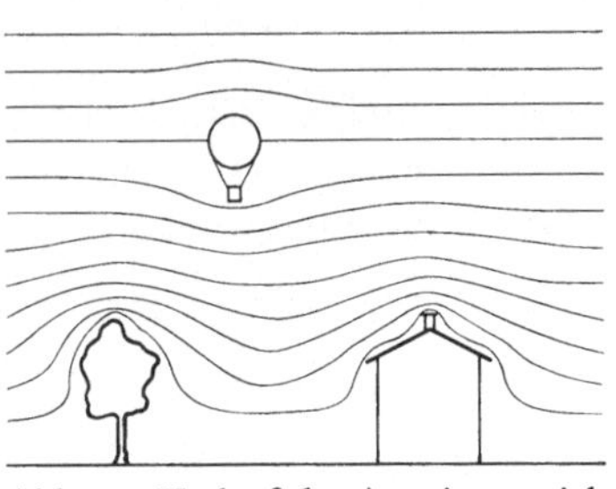

Abb. 12. Verlauf der Aequipotentialflächen des luftelektrischen Feldes über Bodenunebenheiten

2. Unebenheiten des Bodens — Bäume, Häuser, Berge usw. — deformieren das Feld: Dieses verhält sich wie ein elastisches Medium — etwa wie eine dicke Gummiplatte, die auf unebenem Grund aufliegt: In Bodennähe schmiegt es sich den Unebenheiten an, kehrt aber nach oben mehr und mehr wieder in den ungestörten Verlauf eines Feldes über einer glatten Kugelfläche zurück (vgl. Abb. 12).

3. Außer diesen von der Oberflächengestaltung herrührenden Abweichungen des Feldaufbaues zeigen sich noch andere

Verschiedenheiten, wie z. B. eine gewisse Abhängigkeit der Feldstärke von der menschlichen Besiedlung: In Städten und Industriezentren ist die Feldstärke durchweg größer als an Landstationen fern von starker Besiedlungsdichte.

4. Besonders charakteristisch ist das zeitliche Verhalten der luftelektrischen Feldstärke: Sowohl im Tages- wie im Jahresverlauf kehren gewisse Feldstärkevariationen regelmäßig wieder. — Der *Jahresverlauf* zeigt im allgemeinen einfach-periodische Veränderlichkeit von einem Höchstwert während des Nordwinters (also zur Zeit der Sonnennähe) zu einem Tiefstwert im Nordsommer (also zur Zeit der Sonnenferne) und zurück. Der *Tagesverlauf* ist je nach Stationslage und Jahreszeit verschieden. Wir werden später sehen, daß wir hier 3 verschiedene Typen zu unterscheiden haben, deren Zustandekommen uns die inneren luftelektrischen Zusammenhänge erkennen hilft.

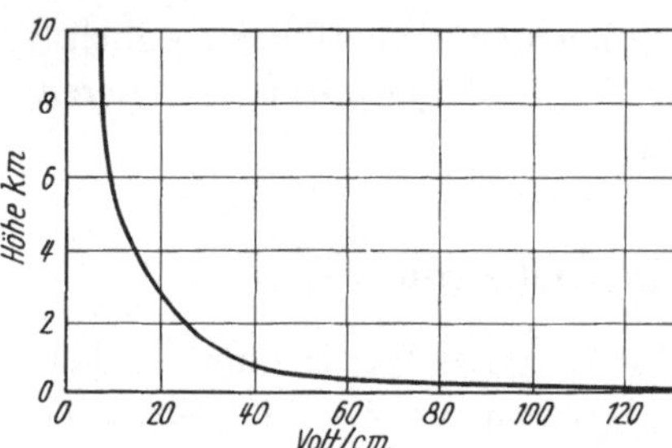

Abb. 13. Mittlerer Verlauf der luftelektrischen Feldstärke in der Atmosphäre bis zu 10 km Höhe (ausgeglichene Mittelkurve nach einer großen Anzahl von Einzelmessungen)

Nun wissen wir, daß ein elektrisches Feld von elektrischen Ladungen getragen sein muß. Wir fragen also nach dem Sitz der Ladungen, die unser atmosphärisch-elektrisches Feld tragen.

Eine erste Möglichkeit wäre die, daß — wie schon oben auf S. 4 angedeutet — der Erdkörper als Ganzes eine elektrische Ladung besitzt, die sich in unserm luftelektrischen Feld manifestiert. Diese Annahme führt jedoch sofort auf einen Widerspruch mit der Erfahrung: Das Feld einer geladenen Kugel nimmt nach außen umgekehrt proportional zum Quadrat der Entfernung vom Kugelmittelpunkt ab. Bei rund 6300 km Erdradius dürfte unser Feld also praktisch keine Abnahme mit der Höhe zeigen, genauer gesagt, erst in ca. 40 km Höhe um 1% geringer geworden sein. Messungen der Feldstärke in verschiedenen Höhen ergeben indes ein gänzlich anderes Bild: Die Feldstärke ändert sich mit der Höhe entsprechend Abb. 13, im Mittel also schon in den untersten 2 km auf etwa $^1/_5$ ihres bodennahen Wertes ab.

Dieser Befund besagt, daß die Annahme eines von einer geladenen Erde herrührenden Feldes in einem natürlich ladungsfreien Außenraum nicht stimmen kann, und führt weiter zu dem Schluß, daß der atmosphärische Raum, in dem ein so geartetes Feld besteht, Ladungen enthält: Denn da in einem ladungsfreien Raum elektrische Kraftlinien weder beginnen noch endigen können, müssen in einem beliebigen ladungsfreien Raumgebiet ebensoviel Kraftlinien einmünden wie austreten, d. h. seine „Ergiebigkeit" muß gleich O sein. Diese Bedingung ist bei dem Feldstärkeverlauf gemäß Abb. 13 nicht mehr erfüllt. Man kann nach bestimmten Rechenverfahren der Potentialtheorie aus einem gegebenen Feldverlauf die Raumladungsverteilung ableiten. Anwendung dessen auf unser luftelektrisches Feld liefert das in Abb. 14 dargestellte Bild der mittleren atmosphärischen Raumladungsverteilung. Die Ladung ist positiv.

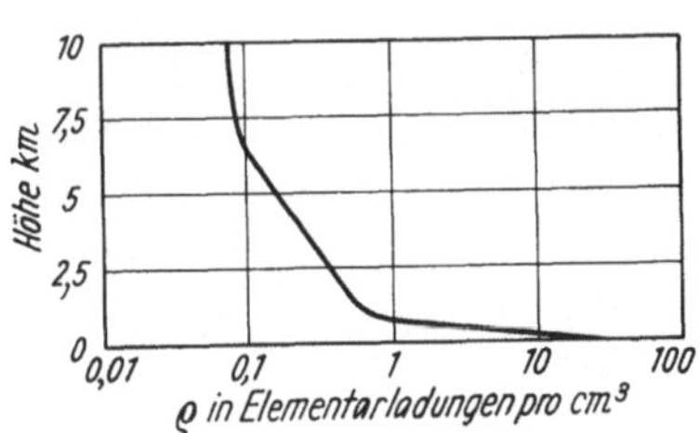

Abb. 14. Mittlere Raumladungsverteilung in der Atmosphäre bis zu 10 km Höhe (aus Abb. 13 abgeleitet)

Summiert man nun die in einer vertikalen Luftsäule vom Querschnitt Q enthaltene positive Ladung, so kommt man zu dem überraschenden Ergebnis, daß diese zahlenmäßig fast genau gleich dem Wert der Oberflächenladung ist, die — wie z. B. unser Versuch in Abb. 9 zeigte — als Folge des Feldes in einem Flächenstück Q der Erdoberfläche enthalten ist. Dies gibt uns Anlaß zu einer anderen Auffassung vom Zustandekommen des atmosphärisch-elektrischen Feldes:

Da, wie gesagt, Kraftlinien nur auf Ladungen beginnen und endigen können, ist unser Feld also offenbar getragen durch die negative Oberflächenladung der Erde und die Summe der positiven Raumladungen in der Luft. Für einen außerhalb der Erde und ihrer Atmosphäre stehenden Beobachter wäre also von diesem elektrischen Feld der Erde nichts zu merken. Dies ist auf die Erdatmosphäre beschränkt und infolge einer

Ladungstrennung zwischen Erdoberfläche und Atmosphäre entstanden.

Als Nächstes taucht nun natürlich die Frage auf, wie es zu dieser Ladungstrennung und Ladungsverteilung zwischen Erdoberfläche und Atmosphäre kommt.

Träger der Raumladung können entweder irgendwelche Schwebeteilchen in der Atmosphäre oder Bestandteile des atmosphärischen Gasgemisches selbst sein. Unter der Wirkung des elektrischen Feldes werden sich nun diese Ladungsträger in Feldrichtung in Bewegung setzen, d. h. es muß ein Strom fließen. Dieser Strom sucht sinngemäß die vorhandene Ladungsverteilung zu ändern und zwar in der Weise, daß das Feld abnimmt. Dieser Prozeß wird solange fortschreiten, bis die ursprüngliche Ladungstrennung und damit das Feld überhaupt verschwunden sind.

Wir werden versuchen, diesen Strom zu messen und benutzen dazu die in Abb. 9 dargestellte Anordnung: Wenn wir die Meßplatte eine gewisse Zeit exponiert haben, so kehrt nach dem Abschirmen unser Meßinstrument nicht wieder ganz auf den Ausgangswert zurück. Denn die Platte besitzt jetzt eine gewisse wahre Ladung, die sie unter der Wirkung des genannten Stromes angenommen hat. Wir finden für diesen Strom im Mittel den Wert von rund $3 \cdot 10^{-16}$ Amp/cm^2 (3 Millionstel Ampère pro Quadratkilometer oder etwa 1580 Amp. für die ganze Erdoberfläche). Dieser Strom ist zwar außerordentlich klein, trotzdem aber von entscheidender Bedeutung für unsere ganze Betrachtung; denn man kann aus einer einfachen Rechnung folgern, daß durch diesen Strom der Ausgleich zwischen den Raumladungen und der Oberflächenladung der Erde in weniger als einer halben Stunde erfolgen müßte*.

Die Beobachtung sagt aber aus, daß das atmosphärisch-elektrische Feld trotz diesem Strom unverändert weiterbesteht; es

* Aus unserem oben in Abb. 9 beschriebenen Versuch läßt sich ableiten, daß zum luftelektrischen Feld von 130 V/m eine Oberflächenladung der Erde von $11{,}5 \cdot 10^{-17}$ Coulomb pro cm^2 gehört. Bei einem Zufluß von $3 \cdot 10^{-16}$ Amp. pro cm^2 (Coulomb/cm^2 · sec) umgekehrten Ladungsvorzeichens würde diese Ladung in weniger als 10 Minuten ausgeglichen sein. Da mit fortschreitendem Ausgleich die Feldstärke und damit auch der Ladungszufluß zur Erde abnehmen würde, verliefe der Vorgang zwar in Wirklichkeit langsamer, aber doch so, daß das Feld in weniger als einer halben Stunde praktisch verschwunden wäre.

muß also laufend Energie nachgeliefert werden oder — wie wir etwa in technischer Ausdrucksweise sagen — es muß ein „Generator“ existieren, der den abfließenden Strom wieder ersetzt.

Die elementare Grundfrage lautet jetzt für uns also:

Welcher Mechanismus wirkt dem atmosphärischen Ladungsausgleich entgegen, bzw. regeneriert den Ladungsaufbau fortwährend wieder neu?

Damit haben wir einen entscheidenden Schritt voran getan: Unsere bisherigen Überlegungen gingen — ohne daß dies besonders betont war — von der Voraussetzung aus, daß es sich bei der Luftelektrizität um elektrostatische Erscheinungen handelt, d. h. z. B. um Felder, die von einer bestimmten fest gegebenen Ladungsverteilung herrühren. Nun erkennen wir, daß dies nicht zutrifft und daß unsere Frage nach einer Ladungsverteilung, die die atmosphärisch-elektrischen Erscheinungen trägt, durch die sehr viel weiter gehende Frage ersetzt werden muß: Welche Prozesse bewirken fortlaufend Ladungstrennungen und rufen damit atmosphärisch-elektrische Erscheinungen hervor?

Wir fügen unseren auf Seite 2—5 formulierten 3 Sätzen den folgenden hinzu:

Satz 4: Die Gesamtheit der atmosphärisch-elektrischen Erscheinungen ist kein Zustand sondern ein Prozeß.

Wir nehmen wieder das Experiment zu Hilfe: Unsere auf Seite 1—5 zusammengestellten Erfahrungen über das atmosphärisch-elektrische Feld geben ein einseitiges Bild, weil wir uns dabei auf Messungen bei klarem, wolkenlosem Wetter beschränkt haben. Ziehen wir jetzt Meßerfahrungen ohne diese Einschränkung heran, so fällt als ein weiteres luftelektrisches Charakteristikum eine große wetterbedingte Variabilität auf. Wir erinnern uns z. B. an die Vorzeichenverschiedenheit bei gutem Wetter einerseits und bei Gewitter und Niederschlägen andererseits. Da umgekehrte Feldrichtung auch umgekehrte Bewegungsrichtung der Luftladungen anzeigt, kann man versuchen, hier innere Zusammenhänge zu sehen: Beobachtet man den Ladungstransport zur Erdoberfläche über längere Zeit, so kommt man in der Tat zu der Feststellung, daß sich dabei eine ausgeglichene Bilanz ergibt: Wohl fließt während der weitaus größten Zeit der „normale“ schwache, positive Vertikalstrom, in den gelegentlichen Zeiten umgekehrter Feldrichtung ist der Strom jedoch entsprechend größer.

Wir sehen also Wettergeschehen und atmosphärisch-elektrische Erscheinungen in engem Zusammenhang und haben damit den Ausgangspunkt für unsere weiteren Betrachtungen erreicht.

Die erste Frage, mit der wir uns nun beschäftigen müssen, gilt dem Mechanismus der in der Atmosphäre fließenden Ströme.

II. Die Grundlagen (Der Mechanismus der atmosphärischen Elektrizitätsbewegung; Physik der Gasionen)

1. Die Luft leitet

Wenn in der Atmosphäre Ströme fließen, so kann die Luft kein Isolator sein. Dies widerspricht scheinbar unserer alltäglichen Erfahrung, nach der wir die Luft als Isolator anzusehen gewohnt sind.

Die Erklärung ist, wie schon einleitend bemerkt, die, daß „Isolation" ein relativer Begriff ist, der von den Ansprüchen abhängt, die wir stellen: Soweit wir uns bei Luft auf die Isolationsansprüche beschränken, wie sie etwa für die elektrischen Gebrauchsgeräte, für die Leitungen des Lichtnetzes, kurz für elektrotechnische Anlagen aller Art zu stellen sind, ist Luft tatsächlich ein Isolator und sogar ein besonders guter Isolator. Stellen wir jedoch höhere Isolationsansprüche, so wird das Bild ein anderes:

Nehmen wir z. B. ein Elektroskop der in Abb. 2 beschriebenen Art zu Hilfe, erteilen ihm eine Ladung und beobachten seine Fäden (vgl. z. B. Abb. 3a), so sehen wir die anfängliche Spreizung langsam zurückgehen. Das Instrument sei durch Verwendung von Bernstein oder Plexiglas auf bestmögliche Isolation gebracht. Wir bestimmen die Geschwindigkeit des Zusammenfallens der Fäden und ersetzen dann die aufgesteckte Metallkugel durch eine andere etwa doppelt so große Kugel. Wiederholen wir den Versuch, so finden wir, daß sich die Aufladung jetzt etwa doppelt so schnell zerstreut. Da sich an unserer Isolation nichts geändert hat, verliert also der Körper offensichtlich Ladung an die ihn umgebende Luft, und zwar um so schneller, je größer die Berührungsfläche mit der Luft ist. Gehen wir wieder vom Elektroskop zum Elektrometer über und untersuchen die Erscheinung quantitativ, so finden wir, daß die vom Elektrometer angezeigte Spannung um so rascher absinkt, je größer einerseits die Oberfläche des Zerstreuungskörpers und je höher andererseits die Spannung ist.

Nun wissen wir, daß die Spannung eines Körpers um so höher wird je mehr Ladung wir ihm zuführen, daß aber die gleiche Ladungsmenge verschiedenen Körpern eine durchaus verschiedene Spannung erteilt. Man faßt diese Erfahrungen bekanntlich zusammen in dem Gesetz

(2.1) $$Q = C \cdot U$$ Q = Ladung, U = Spannung, C = Kapazität

nach dem Ladung und Spannung verknüpft sind durch die „Kapazität“ C.*

Damit läßt sich unser Beobachtungsbefund zusammenfassen in das „Zerstreuungsgesetz“:

Satz 5: Ein elektrisch geladener Körper verliert allmählich seine Ladung an die ihn umgebende Luft. Die Geschwindigkeit dieses Ladungsverlustes ist der Größe seiner Ladung proportional.

Wir wollen dieses Ergebnis auch in mathematischer Formulierung betrachten. Wir können auf diese Art der Darstellung nicht ganz verzichten, da sie nicht nur kürzere und prägnantere Formulierungen gestattet, sondern sich in der Regel auch als wesentliches Erkenntnismittel zwischen Experiment und Deutung einschaltet. Wir werden deshalb hier und im weiteren — soweit erforderlich — jeweils auch die mathematische Behandlung kurz durchführen.

Bezeichnen wir die in der Zeit Δt erfolgende Ladungsabnahme mit ΔQ, so besagt unser Satz 5 also, daß $\Delta Q / \Delta t$ proportional zu ΔQ ist. Da der Ladungsabfluß $\Delta Q / \Delta t$ die vorhandene Ladung verringert, so gilt also die Gleichung

(2.2) $$\frac{\Delta Q}{\Delta t} = -a \cdot Q$$

* Die „Kapazität“ eines Körpers gibt sein „Fassungsvermögen“ für elektrische Ladung an und hängt von seiner Größe und Form sowie vom Vorhandensein anderer leitender Körper in seiner Umgebung ab. — Man kann sich den in Gleichung (2.1) ausgesprochenen Zusammenhang leicht veranschaulichen, wenn man folgendes Bild wählt: Füllt man eine bestimmte Wassermenge in ein Gefäß, so hängt die Höhe der Wassersäule über der Grundfläche des Gefäßes von seinem Fassungsvermögen ab; bei großem Fassungsvermögen erhält man eine geringe Standhöhe und umgekehrt. Setzt man nun an Stelle der Wassermenge die Elektrizitätsmenge, „Ladung“ an Stelle der Höhe der Wassersäule (des Wasserdruckes) die „elektrische Spannung“ und an Stelle des Fassungsvermögens die „elektrische Kapazität“, so ergibt sich die obige Beziehung (2.1)

a ist ein „Proportionalitätsfaktor“, dessen Bedeutung uns noch beschäftigen wird.

Wählen wir den Beobachtungszeitraum Δt immer kleiner und kleiner, so wird natürlich auch der beobachtete Ladungsverlust ΔQ immer kleiner und kleiner, doch so, daß Gleichung (2.2) gültig bleibt. Denken wir uns dies in Gedanken bis zu beliebig kleinen Zeitschritten und Ladungsbeträgen fortgesetzt, so kommen wir schließlich zur sog. „Differentialgleichung“

$$\frac{dQ}{dt} = -a \cdot Q \tag{2.3}$$

Die beiden „Differentiale“ dQ und dt sind beliebig kleine — in mathematischer Ausdrucksweise „unendlich kleine“ — Größen; ihr Quotient, der „Differentialquotient“, hat jedoch einen endlichen Wert. Wir betrachten gewissermaßen unseren Vorgang unter außerordentlich starker Vergrößerung: Beide Gleichungen (2.2 und 2.3) sagen aus, daß die Abnahme der Ladung mit deren allmählicher Zerstreuung immer langsamer fortschreitet. Während Gleichung (2.2) mittlere Angaben über einzelne Zeitbereiche liefert, also etwa den in Abb. 15 oben gezeichneten Verlauf beschreibt, gibt Gleichung (2.3) eine beliebig enge Aufeinanderfolge von Momentanaussagen dazu, liefert also an Stelle von Abb. 15 oben die in Abb. 15 unten gezeichnete *stetige* Kurve.

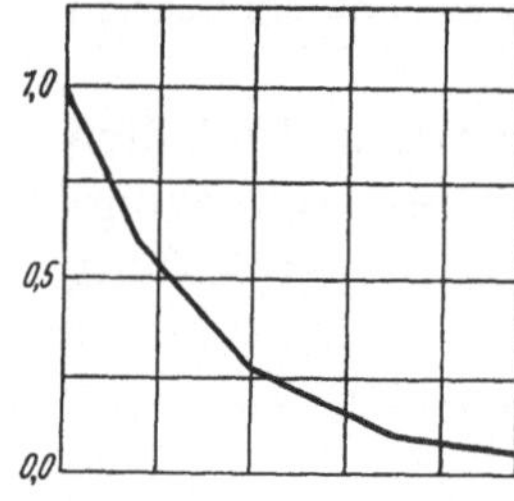

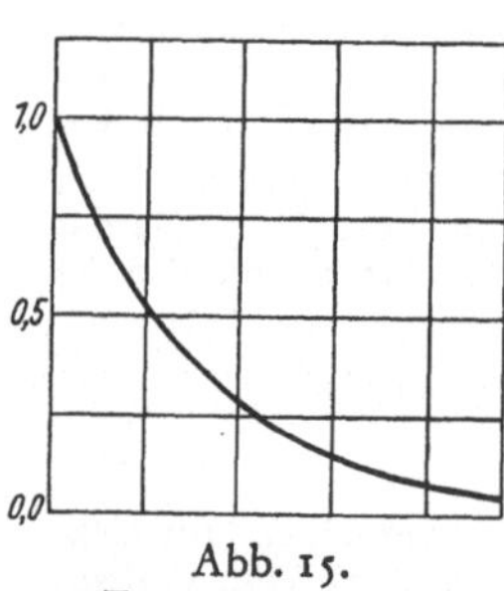

Abb. 15.
Zerstreuungsgesetz

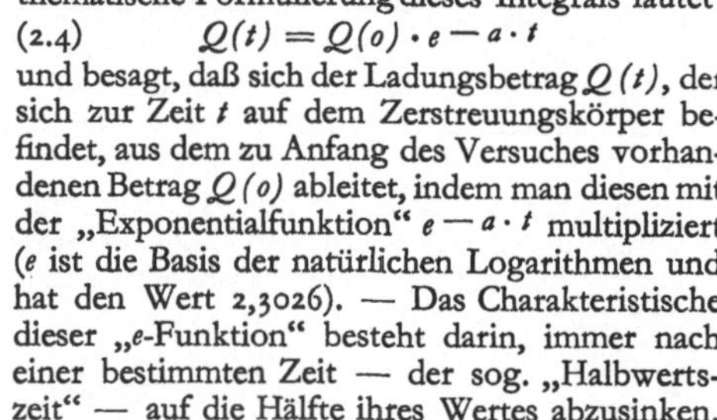

Mit dem Zeichnen der Kurve in Abb. 15 b haben wir das ausgeführt, was wir mathematisch als „Intergration“ bezeichnen: Wir haben aus der Differentialgleichung (2.3) unseres Entladungsvorganges seinen tatsächlichen Verlauf abgeleitet. Die mathematische Formulierung dieses Integrals lautet:

$$Q(t) = Q(0) \cdot e^{-a \cdot t} \tag{2.4}$$

und besagt, daß sich der Ladungsbetrag $Q(t)$, der sich zur Zeit t auf dem Zerstreuungskörper befindet, aus dem zu Anfang des Versuches vorhandenen Betrag $Q(0)$ ableitet, indem man diesen mit der „Exponentialfunktion“ $e^{-a \cdot t}$ multipliziert (e ist die Basis der natürlichen Logarithmen und hat den Wert 2,3026). — Das Charakteristische dieser „e-Funktion“ besteht darin, immer nach einer bestimmten Zeit — der sog. „Halbwertszeit“ — auf die Hälfte ihres Wertes abzusinken.

Die Länge dieser Halbwertszeit τ hängt vom Betrag von a ab und berechnet sich, wie man leicht sieht, zu

$$\tau = \ln 2/a \tag{2.5}$$

$\ln 2$ = natürlicher Logarithmus von 2 = 0,693

Abb. 15. a: Darstellung des Zerstreuungsvorganges in einzelnen Zeitschnitten (gemäß Gleichung 2.2). b: Das Gleiche in „unendlich kleinen“ Schritten, d. h. in „stetiger Darstellung“ (gemäß Gleichung 2.3); zugleich Darstellung des „Integrals“ 2.4

Damit sind wir in der Lage, aus Messungen des Ladungsverlustes isoliert aufgestellter Körper ein Maß für die atmosphärische Leitfähigkeit der Luft zu gewinnen.

Zur praktischen Durchführung solcher Versuche verwendet man z. B. den „Zerstreuungsapparat" von J. Elster und H. Geitel — eine Kombination eines Exnerschen Elektrometers (vgl. Abb. 4) mit einem aufgesetzten zylindrischen „Zerstreuungskörper" von 10 cm Länge und 5 cm Durchmesser. Das Gerät wird zur Messung im Freien an einem gegen das luftelektrische Feld abgeschirmten Platz — etwa unter Bäumen oder unter einem geerdeten weitmaschigen Drahtnetz — aufgestellt, aufgeladen und über eine gewisse Zeit beobachtet. Durch Verwendung von Gleichung (2.4) wird leicht der „Zerstreuungskoeffizient" a ermittelt. Man bestimmt diesen für positives und negatives Ladungsvorzeichen getrennt und ermittelt eventuelle Korrekturen wegen unzureichender Isolation im Blindversuch bei abgenommenem Zerstreuungskörper.

Die Erfahrung zeigt nun, daß der Mechanismus der Elektrizitätsleitung in Luft ein gänzlich anderer sein muß als der uns geläufigere Vorgang der Elektrizitätsleitung in einem Metall: Hierbei wird, wie wir wissen, der Stromtransport durch die sog. „*Elektronen*" besorgt, Teilchen, deren Masse sehr viel kleiner ist, als die eines Atomes; ihre Ladung, die sog. „Elementarladung", stellt die kleinste, nicht mehr unterteilbare elektrische Ladung dar. Sie vermitteln den Stromtransport, indem sie sich unter der Wirkung der elektrischen Spannung in der Richtung vom negativen zum positiven Pol hin in Bewegung setzen*.

In Luft wird der Elektrizitätstransport offenbar von anders gearteten Teilchen übernommen; insbesondere müssen 2 Arten von Elektrizitätsträgern angenommen werden, solche mit positiver und solche mit negativer Ladung, da sowohl bei positiver wie bei negativer Ladung des Zerstreuungskörpers eine Entladung erfolgt. Daß sich in der Regel bei verschiedenem Ladungsvorzeichen etwas voneinander verschiedene Zerstreuungskoeffizienten a ergeben, deutet auf gewisse Unterschiede der positiven und negativen Ladungsträger hin. — Da im Vakuum wiederum nur Elektronenleitung besteht, muß es sich bei den Ladungsträgern in Luft — bzw. in Gasen allgemein — um Gasbestandteile handeln, die durch irgendeinen Prozeß Ladung angenommen haben.

Schon vor der Entdeckung der Leitfähigkeit von Gasen hatte man beim Stromdurchgang durch Flüssigkeiten ähnliche von der

---

* Auch der Stromtransport im luftleeren Raum (z. B. in einer Verstärkerröhre) ist von solchen Elektronen getragen, wie man sofort erkennt, wenn man die Anodenspannung an einer Röhre falsch polt: Bei positiver Spannung an der Anode wandern die von dem Glühfaden abgegebenen Elektronen zu dieser hin, es fließt ein Strom. Bei negativer Anodenspannung dagegen werden die Elektronen abgestoßen, d. h. es fließt kein Strom in der Röhre?

gewohnten Erfahrung abweichende Feststellungen gemacht und für die hier gefundenen Ladungsträger beider Vorzeichen den Namen *Ionen* eingeführt (M. FARADAY). Der Ausdruck bezeichnet (aus dem Griechischen abgeleitet) allgemein „wandernde Teilchen". Später wurde die gleiche Bezeichnung für die Ladungsträger in Gasen übernommen und wird heute für alle geladenen und unter der Wirkung elektrischer Felder in Gasen frei beweglichen Teilchen von atomarer Größe bis zu solchen, die im sog. „Ultra-Mikroskop" sichtbar werden, angewandt.

Wir wollen uns nun im weiteren etwas nähere Kenntnis über Wesen und Eigenschaften dieser Luftionen verschaffen, um damit die Grundlagen für unsere weiteren luftelektrischen Betrachtungen zu gewinnen.

2. Einiges aus der Physik der Gasionen

a) Die Entstehung der Ionen

Das Atom besteht wie bekannt aus dem sog. Atomkern und einer bestimmten Anzahl von Elektronen, die diesen Kern umkreisen. Kernladung und Elektronenladung kompensieren sich gerade, so daß das Atom in seinem Normalzustand nach außen elektrisch neutral ist. Wird diesem System durch einen entsprechend energiereichen Eingriff von außen ein Elektron entrissen, so wird das Ladungsgleichgewicht gestört: Das betreffende Atom hat jetzt eine Elektronenladung zu wenig, ist also positiv geladen*. Das Elektron kann jedoch, wie sich zeigt, in Gasen im allgemeinen nicht frei existieren, sondern wird rasch in den Molekül- oder Atomverband eines bis dahin neutralen Teilchens übernommen, das dadurch zu einem negativ geladenen Teilchen wird.

Die beiden so entstandenen Molekül- bzw. Atom-Ionen sind nun — wie die Erfahrung zeigt — in atmosphärischer Luft bei normalem Luftdruck noch nicht beständig. Sie umgeben sich

* Dieser Prozeß verändert die chemische Natur der betreffenden Atomart nicht. Um dies zu erreichen, um also Elementumwandlungen oder Atomspaltungen zu bewirken, sind wesentlich energiereichere Eingriffe ins Atominnere erforderlich, die Veränderungen im Atomkern bewirken. Die jetzt besprochenen Vorgänge spielen sich in der sog. „äußeren Elektronenschale" der Atome ab. Auf die Kernumwandlungen wird später bei der Behandlung der Radioaktivität einzugehen sein.

alsbald mit einer Anzahl von größenordnungsmäßig 10—30 neutralen Molekülen. Diese Komplexgebilde oder — wie man sie in der Regel nennt — „cluster" von ca. 10—30 neutralen Molekülen mit einem positiv oder negativ geladenen Zentralmolekül sind beständige Gebilde und stellen als sog. „Kleinionen" das Endprodukt des Ionisierungsprozesses dar. Die 3 Phasen der Ionenbildung — Abtrennung eines Elektrons, Anlagerung desselben und cluster-Bildung — verlaufen außerordentlich rasch: Der stabile Endzustand ist nach weniger als einer Millionstel Sekunde erreicht.

Die zur Ionenbildung erforderliche Energiezufuhr erfolgt in der Atmosphäre in der Regel durch Strahlungen radioaktiven Ursprungs und durch die sehr energiereiche kosmische Ultrastrahlung. Ionenbildung durch kurzwelliges ultraviolettes Licht kommt in der Atmosphäre nur in ganz großen Höhen von ca. 100 km und mehr in Betracht. Die bis zum Boden durchdringende Sonnenstrahlung ist zur Ionenbildung nicht mehr befähigt.

Ein zur Ionenbildung befähigter Strahl radioaktiven oder kosmischen Ursprungs schlägt aus den Molekülen oder Atomen, auf die er auftrifft, unter jeweils bestimmtem Energieaufwand Elektronen heraus, bis seine Energie aufgezehrt ist. Dies geschieht um so rascher bzw. auf um so kürzerem Weg, je dichter die Zusammenstöße aufeinander folgen. Da die Anzahl von Molekülen bzw. Atomen in einem Gas unter sonst gleichen Bedingungen dem Druck proportional ist, so ist sowohl die Reichweite eines ionisierenden Strahles als auch allgemein die ionenbildende Wirkung eines Ionisators in der Volumeneinheit unter sonst gleichen Bedingungen druckabhängig: Die Reichweite ist umgekehrt proportional, die Ionisierung direkt proportional zum Gasdruck.

b) Ionisationsgleichgewicht

Durch den Vorgang der Ionisierung wird das innere Gefüge des betreffenden Atoms oder Moleküls gestört. Dies hat das Bestreben zur Wiederherstellung des früheren Zustandes zur Folge: Die betroffenen Partikelchen suchen paarweise das dem einen entrissene und dem anderen aufgeprägte Elektron wieder auszutauschen, wenn sie einander begegnen. Je mehr Ionen im Gasraum gebildet werden, um so mehr wächst auch die Rückbildung an, bis schließlich ein Gleichgewichtszustand erreicht wird, bei dem Ionenbildung und -vernichtung einander gleich werden.

Wir wollen auch diese für das Weitere wichtige Feststellung mathematisch formulieren:

In 1 cm^3 Luft mögen n Ionenpaare — d. h. n positive und n negative Ionen — vorhanden sein. Dann ist die Wahrscheinlichkeit dafür, daß ein Ion der einen Sorte mit einem der n Ionen der anderen Sorten während der Zeitspanne dt zusammentrifft und sein Elektron austauscht, proportional zu n und zur Zeitspanne dt, also etwa gleich $\alpha \cdot n \cdot dt$. α ist der Proportionalitätsfaktor, der sinngemäß die Wahrscheinlichkeit dafür angibt, daß sich bei Vorhandensein von je einem positiven und negativen Ion in einem cm^3 diese beiden treffen und ihr Elektron austauschen. Der Faktor α führt den Namen „Wiedervereinigungskoeffizient".

Da nun n Ionenpaare im cm^3 existieren, so kommt es in der Zeit dt zu insgesamt $\alpha \cdot n^2 \cdot dt$ Wiedervereinigungsbegegnungen je cm^3, d. h. die vorhandene Anzahl von Ionenpaaren wird in der Zeit dt um diesen Betrag, den wir dn_1 nennen wollen, verringert. Es gilt also

$$dn_1 = -\alpha n^2 dt \tag{2.6}$$

Ist nun die Ionisierung so beschaffen, daß sie je cm^3 und Sekunde q neue Ionenpaare entstehen läßt, so werden in der Zeitspanne dt dn_2 Ionenpaare gebildet, wo dn_2 gegeben ist durch die Gleichung

$$dn_2 = q\, dt \tag{2.7}$$

Addiert man beide Wirkungen, so ergibt sich die Änderung der Ionenzahl jeden Vorzeichens in der Zeitspanne dt unter der gleichzeitigen Wirkung von Ionenbildung und -vernichtung. Setzt man $dn_1 + dn_2 = dn$, so folgt also die Gleichung

$$\frac{dn}{dt} = q - \alpha \cdot n^2 \tag{2.8}$$

Da wir den Zeitabschnitt dt beliebig klein werden lassen können, was entsprechende Verkleinerung von dn zur Folge hat, so stellt Gleichung (2.8) wieder eine Differentialgleichung dar. Sie beschreibt die zahlenmäßige Änderung des Ionengehaltes im Zusammenwirken von Bildung und Rückbildung.

Im Gleichgewichtszustand ändert sich n nicht mehr, die linke Seite von Gleichung (2.8) wird gleich 0, d. h. es gilt für die Gleichgewichtsionenzahl n_∞

$$q = \alpha \cdot n^2_\infty \qquad n_\infty = \sqrt{q/\alpha} \tag{2.9}$$

Wird zu irgendeinem Zeitpunkt ($t = 0$) die Ionennachlieferung unterbunden, so klingt die dann vorhandene Ionenzahl n_0 nach der Differentialgleichung

$$\frac{dn}{dt} = -\alpha \cdot n^2 \tag{2.10}$$

ab. Die Integration liefert das Abklingungsgesetz

$$n = \frac{n_0}{1 + \alpha \cdot n_0 \cdot t} \tag{2.11}$$

c) Die Beweglichkeit der Ionen

Es gehört zu den grundlegenden physikalischen Erfahrungen des täglichen Lebens, daß Kraftwirkungen beschleunigte Bewegungen hervorrufen. Der fallende Stein z. B. nimmt von Sekunde zu Sekunde an Geschwindigkeit zu, fällt also beschleunigt.

Dies Gesetz scheint auf den ersten Blick bei den Ionen nicht erfüllt zu sein. Denn wenn man sie der Wirkung eines elektrischen Feldes unterwirft, nehmen sie eine gleichförmige, also unbeschleunigte Bewegung in Richtung des Feldes an.

Wir erinnern uns jedoch, daß wir etwas Ähnliches beobachten, wenn wir einen fallenden Körper an einen Fallschirm hängen: Jetzt erreicht er nach anfänglicher Beschleunigung bald eine gleichförmige, unbeschleunigte Endgeschwindigkeit, bei der die Beschleunigung gerade durch die Reibungsbremsung aufgehoben wird. — Wir müssen also annehmen, daß unsere Ionen bei ihrem Weg durch das Gas eine Art Reibung überwinden müssen und eine entsprechende Bremsung erfahren. Die Rolle des „Fallschirmes“ übernimmt dabei die sog. „Brownsche Bewegung der Moleküle“.

Die Moleküle bzw. Atome eines Gases befinden sich in einer ständigen Bewegung, deren Geschwindigkeit eine Funktion der Temperatur ist. Die Folge ist eine ununterbrochene Reihe von Zusammenstößen zwischen ihnen; die Bahn eines Einzelmoleküls wird dadurch zu einer wirren Zickzacklinie. — Die Ionen nehmen an dieser Bewegung natürlich auch teil. Wirkt nun ein elektrisches Feld, so überlagert sich der ungeordneten Molekularbewegung noch eine geordnete Bewegungstendenz: Die tatsächliche Bewegung eines Ions ist jetzt keine aus lauter gradlinigen Stücken bestehende Zickzacklinie mehr; vielmehr wird jedes zwischen 2 Zusammenstößen liegende Stück zu einer krummlinigen Bewegung, da sich der vom letzten Stoß herrührenden Bewegungsgeschwindigkeit und -richtung die von der Feldwirkung herrührende Kraftwirkung überlagert. Die wahre Bahn setzt sich jetzt gewissermaßen aus lauter einzelnen Wurfparabeln zusammen, wie in Abb. 16 dargestellt. Da nach jedem Zusammenstoß eine neue Wurfparabel beginnt, die ganz willkürlich zur vorhergehenden liegt, so kann im ganzen keine beschleunigte Bewegung resultieren.

Da die Ionenbewegung in Feldrichtung um so stärker behindert wird, je größer die Molekül- bzw. Atomzahl im cm^3 ist, leitet sich leicht ab, daß innerhalb eines gewissen Druckbereiches die Bewegungsgeschwindigkeit der Ionen bei gleicher Feldstärke dem Gasdruck umgekehrt proportional sein muß. — Mit abnehmendem Druck verliert diese Betrachtung in sehr verdünnten Gasen allmählich ihre Gültigkeit, was wir bei der Betrachtung der Verhältnisse in der Hochatmosphäre zu berücksichtigen haben.

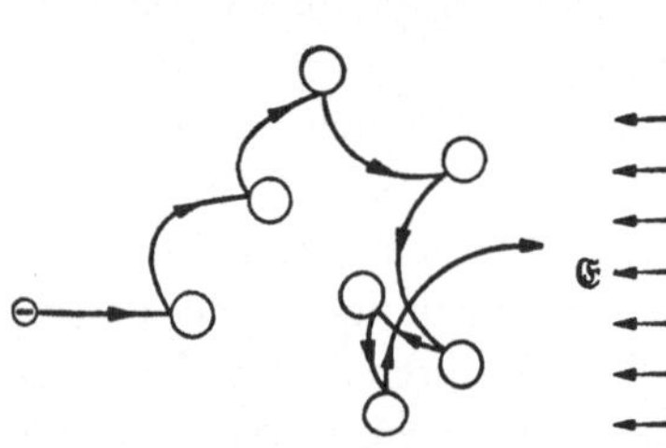

Abb. 16. Schematische Darstellung der Ionenbewegung in einem Gas unter Einwirkung eines elektrischen Feldes (die Darstellung ist räumlich aufzufassen)

Untersucht man die Geschwindigkeit w der Ionenbewegung bei verschiedenen Feldstärken E, so findet man bei sonst gleichen Bedingungen Proportionalität zwischen beiden. Man kann also den Quotienten w/E als eine die Ionen und ihre Umgebungsbedingungen charakterisierende Konstante ansehen. Man bezeichnet sie als *Beweglichkeit* der Ionen; diese gibt definitionsgemäß die Geschwindigkeit in cm pro Sekunde an, die die Ionen bei „Normalbedingungen“ des Gases (Temperatur von 0^0C; Druck von 760 mm Hg) im Feld von 1 Volt/cm annehmen.

Eine wesentliche Aufgabe der Ionenphysik besteht nun darin, die experimentell leicht zugängliche Beweglichkeit der Ionen sowohl zu deren unmittelbaren Eigenschaften — insbesondere ihrer Größe — in Verbindung zu setzen als auch die Einflüsse der Umgebungsbedingungen (Gasdruck, Gasart, Temperatur) auf die Beweglichkeit zu ermitteln. Wir können dies hier nicht im einzelnen verfolgen, sondern müssen uns darauf beschränken, die entsprechenden Ergebnisse der Ionenphysik, soweit sie benötigt werden, von Fall zu Fall heranzuziehen*.

d) Ionen im elektrischen Feld

Wirkt im ionisierten Gasraum ein elektrisches Feld, so setzen sich die Ionen in Bewegung: Mit einer durch Beweglichkeit und

* Fußnote s. S. 25.

Feldstärke gegebenen Geschwindigkeit wandern die positiven in Richtung zum negativen Pol, die negativen in Richtung zum positiven Pol des Feldes, d. h. es entsteht ein elektrischer Strom, der sich aus 2 Anteilen zusammensetzt. Bezeichnen n^+ und k^+ (n^- und k^-) die Anzahl pro cm³ und die Beweglichkeit der positiven (negativen) Ionen, so berechnen sich bei einer Feldstärke E die Stromdichten (Stromstärke pro cm² einer zum Stromfluß senkrechten Fläche) für die beiden Anteile zu

$$(2.12) \qquad \begin{aligned} i^+ &= n^+ \cdot k^+ \cdot \varepsilon \cdot E \\ i^- &= n^- \cdot k^- \cdot \varepsilon \cdot E \end{aligned} \qquad \varepsilon = \text{Ionenladung}$$

Da die Bewegung von positiver Ladung in der einen Richtung einer solchen von negativer Ladung in der entgegengesetzten Richtung entspricht, so setzt sich also der im ionisierten Gas fließende Gesamtstrom additiv aus beiden Anteilen zusammen; seine Stromdichte beträgt also

$$(2.13) \qquad i = i^+ + i^- = \varepsilon \cdot (n^+ \cdot k^+ + n^- \cdot k^-) \cdot E$$

Der Quotient Stromdichte/Feldstärke i/E wird als „spezifisches elektrisches Leitvermögen des betr. Gases" oder auch als „totale Leitfähigkeit des betr. Gases" bezeichnet. Die beiden Summanden führen die Namen „polare positive" und „polare negative Leitfähigkeit des betr. Gases". Als Symbole dafür werden das große und kleine griechische Lambda benutzt:

$$(2.14) \qquad \begin{aligned} \frac{i}{E} &= n^+ k^+ \varepsilon + n^- k^- \varepsilon = \Lambda \\ \frac{i^+}{E} &= n^+ k^+ \varepsilon = \lambda^+ \\ \frac{i^-}{E} &= n^- k^- \varepsilon = \lambda^- \\ \Lambda &= \lambda^+ + \lambda^- \end{aligned}$$

Da die Leitfähigkeit eines Gases von der Stärke der Ionisierung abhängt, der das Gas unterliegt, ist seine Leitfähigkeit keine Materialkonstante mehr, wie bei der metallischen Leitung, sondern

---

* Eine ausführliche Darstellung dessen s. z. B. bei H. Israël „Atmosphärische Elektrizität", Bd. I. Akad. Verl.-Ges.

in erster Linie Ausdruck der Umweltbedingungen. Wir werden also, wenn wir von der Leitfähigkeit der Luft sprechen, damit den jeweiligen elektrischen Zustand derselben charakterisieren, wie er sich im Zusammenwirken von Ionisation, Wetterbedingungen und anderen Faktoren einstellt.

Der Unterschied zwischen Elektronenleitung und Ionenleitung hat für den Stromfluß in Gasen eine wichtige Konsequenz, die wir vor allem aus meßtechnischen Gründen beachten müssen:

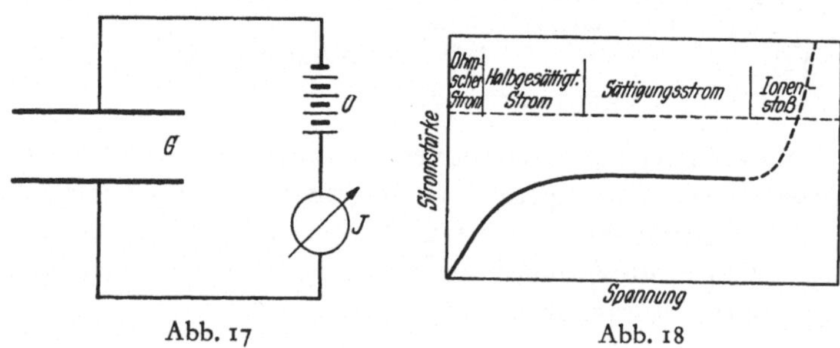

Abb. 17 Abb. 18

Abb. 17. Gasentladungsstromkreis

Abb. 18. Strom-Spannungskurve in einem ionisierten Gas (schematisch)

Bei Stromfluß in einem metallischen Leiterkreis besteht zwischen Strom J, Widerstand R und Spannung U nach dem Ohmschen Gesetz die bekannte Beziehung

$$U = J \cdot R \tag{2.15}$$

nach der also Proportionalität zwischen Strom und Spannung besteht. Bei Stromdurchgang durch ein Gas werden die Verhältnisse anders:

Bestimmt man in der in Abb. 17 skizzierten Weise den Stromdurchgang J durch einen ionisierten Gasraum G in Abhängigkeit von der Spannung U, so ergibt sich das in Abb. 18 dargestellte Bild: Bei kleinen Spannungen steigt der Strom proportional mit diesen an, bleibt dann aber bei steigender Spannung bald hinter dieser zurück und nähert sich bei hohen Spannungswerten schließlich einem spannungsunabhängigem Wert (vgl. Abb. 18). Erst bei weiterer ganz erheblicher Erhöhung der Spannung beginnt der Strom plötzlich wieder zu steigen, um dann rasch zu sehr viel größeren Werten anzuwachsen.

Die Erklärung hierfür ist einfach zu geben: Zunächst ist zu bedenken, daß durch die Ionisierung nur eine beschränkte Anzahl von Ionen je Volum- und Zeiteinheit gebildet wird; infolgedessen kann der Strom nur bis zu einem Höchstwert ansteigen, der gerade von dieser Ionennachlieferung getragen wird. Dieser sog. „Sättigungsstrom" kann dann natürlich durch Spannungserhöhung nicht mehr gesteigert werden. Bei niedrigeren Spannungswerten kommt dann mehr und mehr die ionenvernichtende Wirkung der Wiedervereinigung zur Geltung, die das Absinken der Kurve nach links bedingt. — Geht man andererseits von ganz geringen Spannungen aus, so kann die „Ohmsche" Proportionalität zwischen Strom und Spannung nur solange bestehen, wie der Ionenentzug aus dem Gasraum seine Ionisationsverhältnisse nicht merklich stört. Mit weiterer Erhöhung der Spannung tritt eine zunehmende Verminderung des Ionengehaltes im Gasraum ein, die ein Absinken der Leitfähigkeit und damit ein Zurückbleiben des Stromes hinter der Proportionalität zur Folge hat. — Beide Effekte zusammen bedingen den in Abb. 18 wiedergegebenen Verlauf.

Der plötzliche Wiederanstieg bei sehr hohen Spannungen erklärt sich folgendermaßen: Werden die Ionen zwischen 2 Zusammenstößen mit Gasmolekülen oder -Atomen derart beschleunigt, daß sie selbst zur Ionenbildung befähigt werden, so tritt rasche, lawinenartige Ionenvermehrung ein, die zur sog. „selbständigen" Entladung (Glimm-Entladung, Bogen-Entladung) führt.

e) Die Ermittlung der Ionenkonstanten

Wir haben eingangs gesehen, wie wir mit einfachen Mitteln ein Maß für die Leitfähigkeit der atmosphärischen Luft gewinnen können. Der in Gleichung (2.4) definierte Zerstreuungskoeffizient a steht, wie sich durch eine einfache Rechnung zeigen läßt, zur Leitfähigkeit in der Beziehung

$$a^{+} = 4\pi\lambda^{-} \quad * \qquad (2.16)$$
$$a^{-} = 4\pi\lambda^{+}$$

* Die Verschiedenheit der Vorzeichen links und rechts kommt daher, daß die Entladung eines Körpers durch Ionen umgekehrten Ladungsvorzeichens erfolgt .— Der Faktor 4π kommt durch die mathematische Behandlung zustande. Seine anschauliche Deutung ist folgende: Der Zerstreungskoeffizient a läßt sich auffassen als der von Ionen umgekehrten Vorzeichens getragene Stromfluß zu einer Kugel vom Radius 1 (Oberfläche 4π), die die elektrische Ladung = 1 trägt, an ihrer Oberfläche also die Feldstärke $E = Q/r^2 = 1$ besitzt.

Damit ist eine Möglichkeit zur unmittelbaren Bestimmung der polaren atmosphärischen Leitfähigkeiten gegeben. Sie erweist sich indes bei näherem Zusehen nicht als genügend fehlerfrei und findet deshalb höchstens noch zu orientierenden Messungen Verwendung.

Messungen mit der in Abb. 17 skizzierten Anordnung liefern nur bei sehr kleinen Spannungen und Strömen richtige Werte für die Leitfähigkeit und sind deshalb unbequem und ungenau. —

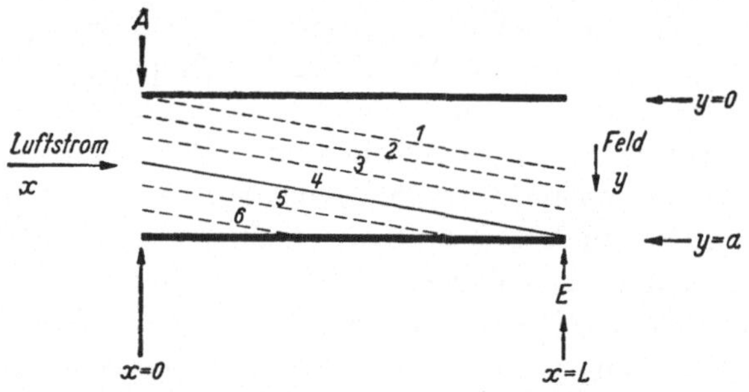

Abb. 19. Schema des „Aspirationskondensators“

Dagegen kann aus dem Sättigungsstrom die Ionisierungsstärke q ermittelt werden.

Eine entscheidende Verbesserung läßt sich erzielen, wenn man dem Kondensatorinneren dauernd neue Luft gleichen Ionisationszustandes zuführt, ihn also aspiriert; Abb. 19 zeigt dies im Schemabild: Wir betrachten einen Schnitt durch einen Plattenkondensator senkrecht zur Plattenebene, der von links nach rechts von einem Luftstrom durchsetzt wird. Zwischen den beiden Platten liegt eine feste Spannung, die im Inneren ein Feld erzeugt. — Durch diese Anordnung erfahren die Ionen, die mit dem Luftstrom schwimmen, eine Ablenkung in Feldrichtung und bewegen sich infolgedessen auf den eingezeichneten Bahnen. Zum Stromfluß zur unteren Elektrode tragen im Falle der Abb. 20 nur die Ionen bei, die unterhalb der Linie „4“ in den Kondensator eintreten. Steigerung der Spannung (oder Verlangsamung des Luftstromes!) hat ein Steilerwerden der Bahnen zur Folge; dadurch steigt das Ionenangebot zur Meßelektrode an, bis die Bahn eines am Punkt A eintretenden Ions gerade bis zum Punkt E führt.

Damit ist ein Höchstwert des Stromes erreicht, der sich nicht mehr steigern läßt.

Abb. 20 zeigt den Verlauf einer mittels Aspirationskondensators gewonnenen Strom-Spannungs-Kurve. Der Strom steigt, wie sich theoretisch und experimentell zeigen läßt, linear mit der Spannung an, bis gerade alle in den Kondensator eintretenden Ionen zur Ablagerung kommen, um dann bei weiterer Spannungssteigerung konstant zu bleiben. — Der linear ansteigende Teil entspricht dem Ohmschen Gebiet der Abb. 18 und liefert ein Maß für die betreffende polare Leitfähigkeit.

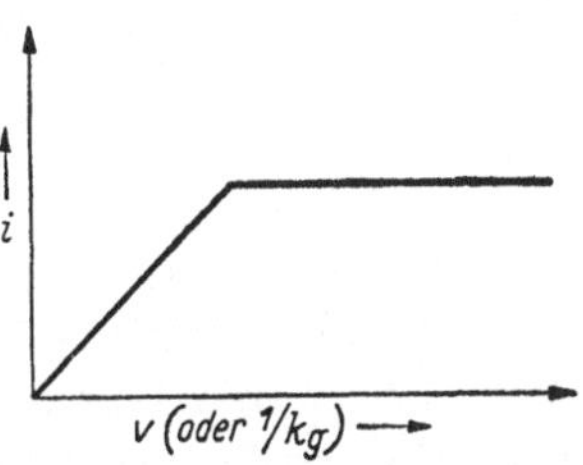

Abb. 20. Strom-Spannungs-Kurve eines Aspirationskondensators

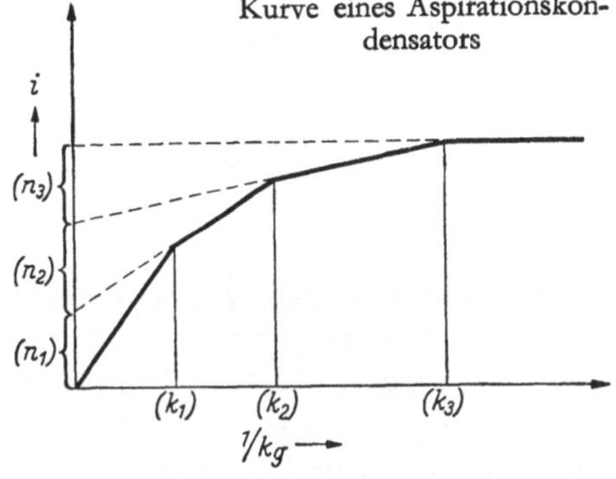

Abb. 21. Strom-Spannungs-Kurve eines Aspirationskondensators bei mehreren gleichzeitig vorhandenen Ionenarten

Aus einer in dieser Weise aufgenommenen Strom-Spannungs-Kurve lassen sich mehrere Größen gleichzeitig ableiten:

1. Der linear ansteigende Teil entspricht dem Ohmschen Gebiet der Abb. 18 und liefert ein Maß für die betreffende polare Leitfähigkeit.

2. Der horizontale Teil — auch hier als „Sättigungsstrom" bezeichnet — liefert ein Maß der vorhandenen Ionen-Gesamtzahl.

3. Die Lage des Knickpunktes gibt zusammen mit den Versuchsbedingungen und Kondensator-Abmessungen in einfacher Weise die Beweglichkeit der Ionen.

Sind in der zu untersuchenden Luft mehrere verschiedene Ionenarten verschiedener Beweglichkeit vorhanden, so liefert die Messung eine aus geraden Stücken bestehende allmählich ansteigende Kurve (vgl. z. B. Abb. 21), aus der die einzelnen Beweglichkeiten und die ihnen zugehörigen Ionenzahlen abzuleiten sind.

III. Das „Aerosol" und seine Veränderungen

1. Kleinionen, Großionen, Kondensationskerne

Nach dieser Exkursion in die Physik der Gas-Ionen wollen wir uns nun wieder der Atmosphäre zuwenden und die neu gewonnenen Erfahrungen anzuwenden suchen.

Wir nehmen z. B. mit einem zylindrischen Aspirationskondensator der in Abb. 22 dargestellten Art für beide Vorzeichen Strom-Spannungs-Kurven auf. Beide zeigen sowohl den erwarteten Anstieg gemäß Abb. 20, aus dem wir die betreffende polare Leitfähigkeit ermitteln können, wie auch die erwartete Knickstelle, die uns Zahl und Beweglichkeit der Ionen liefert. Wir leiten daraus ab, daß

1. atmosphärische Luft je cm^3 einige hundert positive und negative Ionen enthält, daß
2. deren Beweglichkeit zwischen etwa 1 und 2 $\frac{cm/sec}{Volt/cm}$ liegt und daß demgemäß
3. die atmosphärische Luft polare Leitfähigkeiten in der Größenordnung von $1-2 \cdot 10^{-4}$ el. stat. Einh. (elektrostatischen Einheiten) besitzt*.

Weiter zeigt sich aber, daß die Kurven nach Durchlaufen ihres Knickpunktes nicht horizontal werden sondern mit Erhöhung der Spannung zwar langsam aber stetig weiter ansteigen. Das bedeutet nach unseren Überlegungen im vorigen Kapitel, daß noch andere Ionen mit geringerer Beweglichkeit in der atmosphärischen Luft vorhanden sein müssen.

Gehen wir dieser Beobachtung mit geeigneten Meßgeräten genauer nach, so finden wir neben unseren „Kleinionen" — wie wir die durch die Ionisationsprozesse direkt gebildeten Ionen jetzt nennen wollen — stets und überall in der unteren Atmosphäre

* Jede Zahlenangabe verlangt Angabe der Maßeinheit (g oder kg; cm, m oder km usw.). In der Elektrizitätslehre sind mehrere Systeme von Maßeinheiten nebeneinander in Gebrauch, ohne daß eines derselben Allgemeingültigkeit beanspruchen kann. In Tabelle 1 im Anhang sind deshalb die in der Luftelektrizität benötigten Größen in den zwei heute gebräuchlichsten Maßeinheiten mit entsprechenden Umrechnungsfaktoren zusammengestellt.

noch eine zweite Art von positiven und negativen Ladungsträgern, deren Beweglichkeit im allgemeinen nur etwa 1/3000 der Kleinionen beträgt, deren Zahl jedoch in der Regel merklich größer ist als die der Kleinionen.

Ein stetiger Übergang zwischen beiden Ionenarten besteht nicht. Es ist also anzunehmen, daß die zweite Art von Ionen, die wir „Großionen" nennen wollen, durch Anlagerung von Kleinionen an ungeladene Teilchen entsprechender Größe entsteht. Die Größe der Teilchen errechnet sich nach ihrer Beweglichkeit zu etwa 0,5—1 · 10^{-5} cm (10^{-5} cm = 1 Zehntausendstel Millimeter).

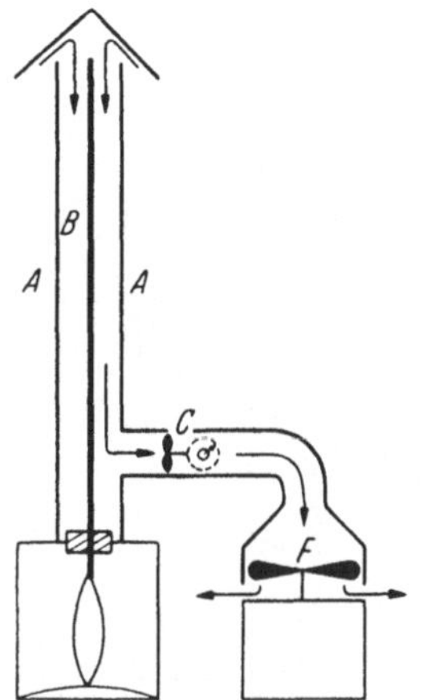

Abb. 22. „Ionenzähler" *AA* Außenrohr; *B* Innenelektrode; *C* Messung der Srömungsgeschwindigkeit; *F* Ventilator

Das Vorhandensein dieser Schwebeteilchen in der Atmosphäre und ihre Größe lassen sich unabhängig davon noch auf einem ganz anderen Wege nachweisen: Luft vermag jeweils nur eine ganz bestimmte Höchstmenge von Wasserdampf* aufzunehmen, die sich gleichsinnig mit der Temperatur ändert, d. h. mit steigender Temperatur zu-, mit fallender abnimmt. Kühlt man also wasserdampfhaltige Luft ab, so läßt sich leicht ein Zustand der „Übersättigung" erzielen, bei dem dann mehr Wasserdampf vorhanden ist, als die Luft aufzunehmen vermag. Die Folge ist die, daß der überschüssige Dampf zu flüssigem Wasser kondensieren muß. Nun zeigt die Erfahrung, daß diese Kondensation nur dann möglich ist, wenn bestimmte geeignete Ansatzstellen in Gestalt der sog.

---

* Unter Wasserdampf versteht man in der Physik, entgegen dem volkstümlichen Sprachgebrauch, das *unsichtbar* in der Luft in Gasform enthaltene Wasser. Es bewirkt z. B. das Beschlagen der Fenster oder des mit kalter Flüssigkeit gefüllten Glases. Die „Dampfwolken" der Lokomotive bestehen ebenso wie Wolken und Nebel nicht aus Wasser-„Dampf", sondern aus Tröpfchen flüssigen Wassers. — Als Maß für den Wasserdampfgehalt der Luft dienen die Angaben des Wasserdampfgewichtes in g/m^3 („absolute" Feuchtigkeit), die Angabe des Druckes, wenn in dem betreffenden Raum *nur* Wasserdampf, also keine Luft vorhanden wäre (Partialdruck des Wasserdampfes, „Dampfdruck") oder das Verhältnis der vorhandenen Wasserdampfmenge zu der bei der betreffenden Temperatur maximal möglichen („relative Feuchtigkeit").

„Kondensationskerne“ vorhanden sind. Wenn sich Nebel oder Wolken bilden, so beweist dies also, daß die Atmosphäre solche Teilchen enthält.

Ahmt man den Naturvorgang der Nebelbildung nach, indem man ein abgeschlossenes Luftquantum durch Abkühlung zur Übersättigung bringt, so lassen sich die entstehenden Tröpfchen

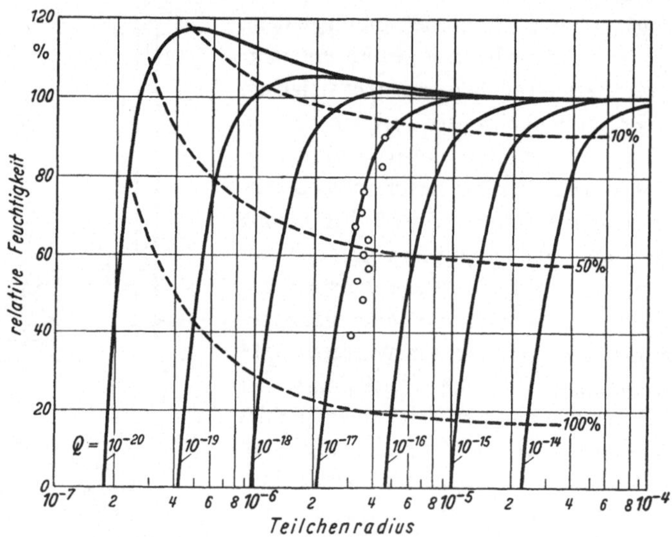

Abb. 23. Kondensationskurve (Wachstum verschieden großer Teilchen mit zunehmender Feuchtigkeit)

und damit die in der Luft vorhandenen Schwebeteilchen zählen. Mit solchen „Kondensationskernzählern“ findet man dann leicht, daß in der uns umgebenden Luft *stets und überall* solche kondensationsfördernde Schwebeteilchen existieren.

Der Vorgang der Kondensation des Wasserdampfes auf solchen Kernen verlangt einen gewissen Übersättigungsgrad, der von der Kernart und -größe abhängt: Mit zunehmender relativer Feuchtigkeit* der Luft, in der sich der Kern befindet, wächst er durch Aufnahme von Wasserdampfmolekülen langsam an — vgl. die sog. „Kondensationskurve“ (Abb. 23), die den Zusammenhang

* Verhältnis des in einem bestimmten Luftquantum vorhandenen Wasserdampfes zu der bei der betreffenden Temperatur maximal möglichen Menge.

zwischen relativer Feuchtigkeit und Kerngröße darstellt. Dies setzt sich fort, bis der Gipfel der Kurve im Übersättigungsbereich überschritten wird. Ist dies geschehen, so wächst das Teilchen rasch bis zum sichtbaren Tröpfchen an. Je kleiner das Ausgangsteilchen ist, um so höhere Übersättigung ist erforderlich, um dies zu erreichen. Man kann also aus der bei verschiedenen Übersättigungsgraden entstehenden Tröpfchenzahl auf die Größenverteilung der Kondensationskerne schließen.

Abb. 24 zeigt oben ein so ermitteltes Größenspektrum. Zum Vergleich sind im unteren Teilbild die im gleichen Aerosol nach dem Aspirationsverfahren aus der Ionenbeweglichkeit abgeleiteten Ionengrößen eingetragen. Sie liegen im gleichen Größenbereich.

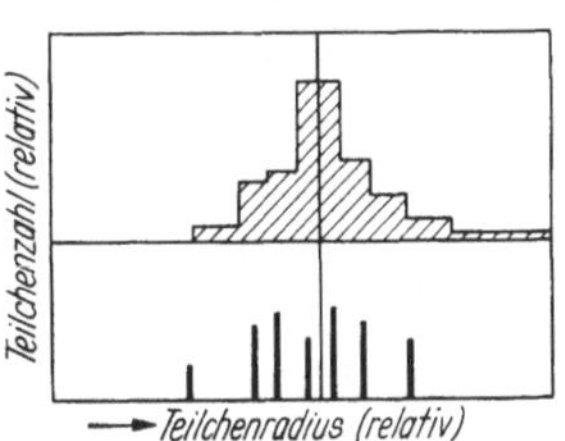

Abb. 24. Größenspektrum von Aerosolteilchen (nach CHR. JUNGE)

Wir ersehen aus dieser Gegenüberstellung, daß es sich bei den Großionen und den Kondensationskernen offensichtlich um Schwebeteilchen gleicher Art handelt, die sich nur dadurch unterscheiden, daß ein Teil von ihnen durch Anlagerung eines Kleinions eine elektrische Ladung erwirbt. Die Ladung stimmt demgemäß mit der der Kleinionen überein, beträgt also eine Elementarladung ($4{,}80 \cdot 10^{-10}$ el. stat. Einh.); nur in seltenen Fällen kommt es zur Aufnahme von mehr als einem Kleinion gleichen Vorzeichens durch ein solches Teilchen.

Die chemische Natur dieser Kondensationskerne läßt sich durch chemische Analyse des Nebel-, Wolken- oder Niederschlagswassers ermitteln. Danach handelt es sich bei diesen Schwebeteilchen in der Regel um Verbrennungsprodukte oder Salzwassertröpfchen, die durch Verbrennungsvorgänge bzw. durch das Zerstäuben von Meerwasser (Brandung; Schaumkronen) entstehen und in die Atmosphäre gelangen.

Man hat für ein solches System, bei dem (feste oder flüssige) Schwebeteilchen in einem Gas suspendiert sind, den Namen *Aerosol** geprägt — in Analogie zu den sog. „Hydrosolen* —

* Aerosol bedeutet (aus dem Griechischen abgeleitet) wörtlich „Luftlösung" im Gegensatz zum „Hydrosol", der „wäßrigen Lösung, wobei jedoch unter

Flüssigkeiten, in denen Schwebeteilchen ähnlicher Größe enthalten sind.

Dieses atmosphärische Aerosol und seine Veränderlichkeit sind von grundlegender Bedeutung für die verschiedensten atmosphärischen Vorgänge: Als Träger der Kondensationserscheinungen sind die Aerosolteilchen entscheidend für die Nebel- und Wolkenbildung und damit für das Wettergeschehen überhaupt. Mit den in gleicher Größe liegenden Teilchen der Hydrosole haben sie die Eigenschaft gemeinsam, das Licht zu zerstreuen und werden so zum Träger zahlreicher optischer Erscheinungen in der Atmosphäre — z. B. zum sichtbestimmenden Element. In luftelektrischer Hinsicht beeinflussen sie, wie wir noch im einzelnen sehen werden, in nachhaltigster Weise das Wiedervereinigungsgeschehen und damit den Leitfähigkeitzustand der Luft. — Wir haben also im Aerosolzustand der Atmosphäre den Schlüssel zum Verständnis zahlreicher Erscheinungen und Wechselbeziehungen; insbesondere gibt uns das Aerosol mit seinen örtlichen und zeitlichen Veränderungen bei unserem Ziel, die luftelektrischen Erscheinungen in ihrer Verknüpfung mit dem Wettergeschehen zu verstehen, die Verständnisgrundlage.

2. Aerosol und Wetter

a) Kerngehalt und Leitfähigkeit

Zunächst untersuchen wir den Einfluß des Aerosolzustandes auf die atmosphärische Leitfähigkeit. Wir knüpfen dazu an unsere Betrachtung zur Wiedervereinigung an (s. Kap. II). Zu der Rückbildung durch Elektronenaustausch zwischen 2 Ionen entgegengesetzten Vorzeichens kommen jetzt noch andere Möglichkeiten der Ionenvernichtung hinzu:

1. Durch Anlagerung an ein ungeladenes Schwebeteilchen des Aerosols büßt das betreffende Kleinion praktisch seine Beweglichkeit ein und wandelt sich in ein Großion um. Damit geht es dem Bereich der Kleinionen verloren.

„sol" nicht eine echte (molekulare) Lösung, sondern eine Aufschwemmung („Suspension") von gröberen Schwebeteilchen verstanden wird, die ihrer Kleinheit wegen der Wirkung der Schwerkraft praktisch entzogen sind.

2. Das Gleiche gilt von Kleinionen, die mit schon bestehenden Großionen umgekehrten Vorzeichens ihr Elektron austauschen.

Beide Prozesse vermindern die Kleinionenzahl und bewirken, daß im Gleichgewicht zur gleichen Ionisierungsstärke q eine sehr viel geringere Kleinionenzshl n gehört als früher.

Um den Zusammenhang zahlenmäßig erfassen zu können, ergänzen wir die Gleichung (2.8) um 2 Glieder, die den bei den obengenannten Prozessen Rechnung tragen. Sind je cm^3 n Kleinionen jeden Vorzeichens, N Grossionen jeden Vorzeichens, N_0 ungeladene Suspensionen gleicher Größe vorhanden und werden jeweils entsprechend zum früher definierten Wiedervereinigungskoeffizienten α für die neuen Prozesse entsprechende Wiedervereinigungskoeffizienten η und η_0 eingeführt, so tritt an Stelle von Gleichung (2.8) jetzt die vervollständigte Gleichung

$$\frac{dn}{dt} = q - \alpha \cdot n^2 - \eta \cdot n \cdot N - \eta_0 n N_0 \tag{3.1}$$

oder, wenn $\eta \cdot N + \eta_0 \cdot N_0 = \beta$ gesetzt wird

$$\frac{dn}{dt} = q - \alpha n^2 - \beta n \tag{3.2}$$

Wir verzichten auf die Durchführung der etwas umständlichen Integration dieser Gleichung und betrachten nur ihr Ergebnis. Danach hängt der Gleichgewichtswert n_∞ der Kleinionen, der bei fehlendem Suspensionsgehalt nach Gleichung (2.9) den Wert

$$n_\infty = \sqrt{q/\alpha} \tag{3.3}$$

hat, bei gleichem q und zunehmenden Suspensionsgehalt wie folgt ab:

$$n_\infty = \sqrt{\frac{\beta^2}{4\alpha^2} + \frac{q}{\alpha}} - \frac{\beta}{2\alpha} \tag{3.3}$$

Zur Illustration dessen ist in Abb. 25 der Gleichgewichtswert n_∞ unter der Annahme einer Ionisierungsstärke von $q = 10$ Ionenpaaren pro cm^3 und Sekunde, wie sie in der unteren Atmosphäre etwa zutrifft, in Abhängigkeit vom Gehalt an Suspensionen $Z = N + N_0$ dargestellt.

Die Rechnung zeigt, daß z. B. eine Ionisierung von 10 Ionenpaaren pro cm^3 und Sekunde in völlig kernfreier Luft zu einem Gleichgewichtswert von 2500 Kleinionen führen würde. Dieser Gleichgewichtswert wird aber in der bodennahen Atmosphäre nie erreicht, da hier — wie schon oben gesagt — immer Kerne vorhanden sind. Aus Abb. 25 geht hervor, daß schon wenige 100 Kerne im cm^3 den Kleinionengehalt ganz erheblich erniedrigen. Bei Kernzahlen von 10000 und mehr, wie sie in Großstädten durchaus vorkommen, sinkt die Gleichgewichts-Kleinionenzahl n_∞ auf wenige Prozent des Wertes für kernfreie Luft ab. Da nach Gleichung (2.14) die Leitfähigkeit der Kleinionenzahl proportional ist, so zeigt Abb. 25 die Abhängigkeit der Leitfähigkeit vom Suspensionsgehalt der Luft.

Die folgende Tabelle 1 gibt zur Bestätigung dessen eine Gegenüberstellung von Meßergebnissen. Links sind einige Mittelwerte von Kernzahlen, rechts zum Vergleich Mittelwerte von gemessenen Leitfähigkeiten zusammengestellt.

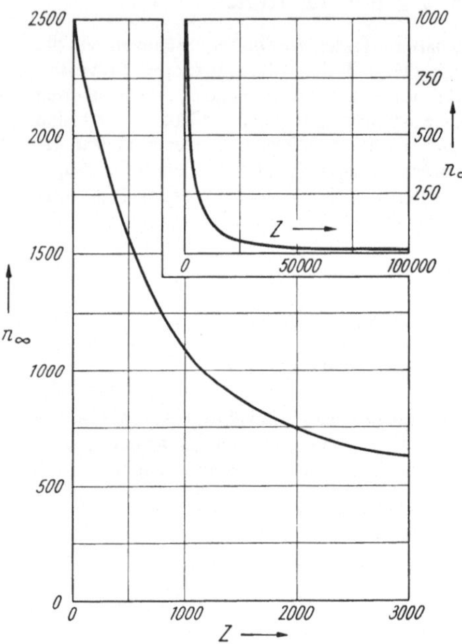

Abb. 25. n_∞ in Abhängigkeit vom Suspensionsgehalt $Z = N^+ + N^- + N_0$ unter folgenden plausiblen Annahmen: $q = 10$; $\alpha = 1{,}6 \cdot 10^{-6}$; $\eta = \eta_0 = 10^{-5}$; $N^+/Z = N^-/Z = 1/4$.

Die Gegenläufigkeit von Kernzahl und Leitfähigkeit, die man sowohl im Mittel wie im Einzelfall, bei örtlichen wie bei zeitlichen Veränderungen des Aerosolzustandes findet, bildet das Grundelement für alle weiteren Betrachtungen über luftelektrisch-meteorologische Bindungen.

Als nächstes drängt sich die Frage auf, wie die Veränderungen im Aerosol durch den Wetterablauf im einzelnen geartet sind und wie sie zustande kommen.

Wie bekannt, hängt die Fernsicht deutlich von der Windrichtung ab; besser gesagt: Sie ist eng mit der Vorgeschichte der Luft verknüpft: Bei lebhaften Nord- und Nordwest-Winden, die frische Kaltluft aus polaren Gegenden zu uns bringen, herrscht eine ungleich bessere Fernsicht, als bei feuchtwarmen südlichen Winden aus Richtung der Tropen und Subtropen. Da die Suspensionen, die ja letzten Endes die Sicht bestimmen, ausschließlich vom Erdboden her in die Luft gelangen, sind also Herkunft, Weg und Geschwindigkeit der Luft für ihren Aerosolcharakter bestimmend.

Tabelle 1. *Kerngehalt und Leitfähigkeit der Luft*

Meßort	Mittlere Kernzahl pro cm^3 (abgerundete Werte)	Meßort	Mittlere Leitfähigkeit Λ in 10^{-4} el. stat. Einh.
Großstadt (Zentrum)	50000—100000	Kew bei London	0,35
		Potsdam	0,97
Großstadt (Stadtrand)	20000— 50000	Wahnsdorf bei Dresden	2,25
Land	5000— 10000	Davos	2,27
Gebirge (1000—2000 m Höhe)	1000— 3000	Watheroo (Westaustralien)	3,65
Ozeane	weniger als 1000	Spitzbergen	4,95

Die beiden folgenden Abbildungen geben dafür anschauliche Beispiele:

Abb. 26 zeigt nach einer in State College (Penns., USA) durchgeführten Statistik die zu verschiedenen Luftmassen verschiedener Herkunft* gehörigen Kernzahlen. Da das Wettergeschehen aus dem Nebeneinander verschiedener solcher Luftmassen und ihren Wechselwirkungen bzw. ihrem „Kampf" miteinander zu verstehen ist**, so ist in der Luftmassenabhängigkeit der Kernzahl der Mechanismus der Wettereinflüsse auf die Luftelektrizität erkennbar.

Abb. 27 zeigt in Bestätigung dessen z. B. den Rückgang der Kernzahl bei einem Kaltlufteinbruch.

Diesen vom Luftmassencharakter abhängigen Unterschieden überlagern sich unter Umständen Einflüsse, die in der Kernerzeugung der menschlichen Siedlungen (Rauch, Autoabgase) ihren Grund haben. Auch hierfür ein Beispiel:

Abb. 28 zeigt nach Messungen im Stadtgebiet von Paris die Großionenzahl bei verschiedenen Windrichtungen und in de Vergleichskurve die Anzahl der Fabrikschornsteine, die die Luft bei der betr. Windrichtung auf ihrem Weg zum Meßort überstreicht.

---

* Es ist eine in der Meteorologie geläufige Erfahrung, daß man verschiedene sog. „Luftmassen" oder „Luftkörper" zu unterscheiden hat, die je nach ihrer Herkunft charakteristische Eigenschaften aufweisen und — das ist das Wesentliche! — sehr konservativ beibehalten. Zu diesen typischen Eigenschaften gehört — wie Abb. 26 zeigt — auch der Aerosolzustand.

** Vgl. z. B. Bd. 15 dieser Reihe: H. von Ficker. Wetter und Wetterentwicklung.

Selbst in der schon extrem mit Suspensionen angereicherten Luft des Großstadt-Innern hebt sich dieser Einfluß noch klar ab. Messungen des Verfassers im Stadt-Innern von Frankfurt zeigten in ähnlicher Weise eine deutlich erkennbare Vermeh-

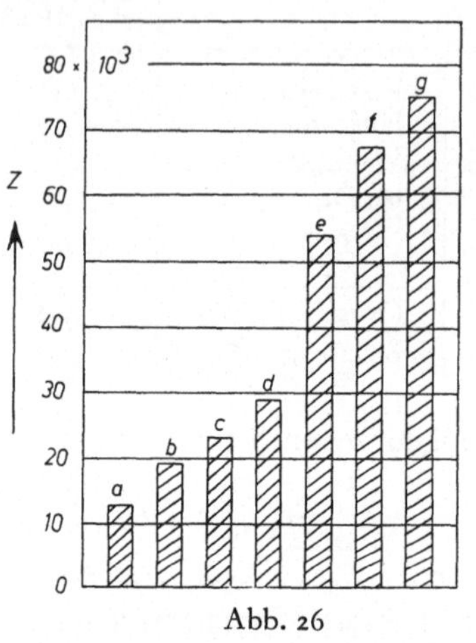

Abb. 26

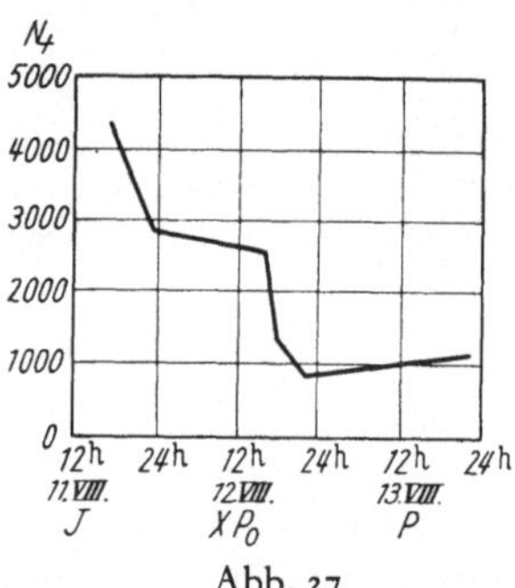

Abb. 27

Abb. 26. Kerngehalt und Luftmasse (nach H. LANDSBERG). Es bedeuten: a: Kanadische Polarluft; b: Atlantische Polarluft; c: Gealterte kanadische Polarluft; d: Gealterte atlantische Polarluft; e: Tropikluft; f: Gealterte Tropikluft; g: Indifferente Luft mit Absinken

Abb. 27. Rückgang der Kernzahl bei einem Kaltlufteinbruch (nach N. WEGER)

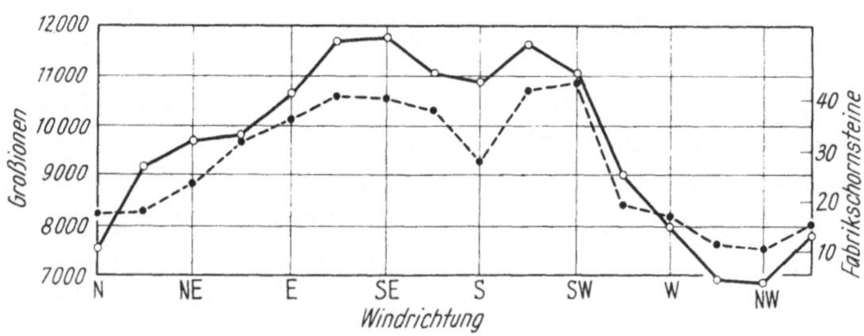

Abb. 28. Großionenzahl und Anzahl der vom Wind überstrichenen Fabrikschornsteine in Paris (nach McLAUGHLIN)

rung der Suspensionen in der Luft, deren Weg über das Gebiet des Hauptbahnhofes führte.

Die Quellen der Suspensionen in der Atmosphäre liegen — wie wir sagen — ausschließlich am Erdboden. Von hier gelangen die Teilchen durch den sog. „Austausch" auch in höhere Atmosphärenschichten. Um diese Transportvorgänge in der Atmosphäre im einzelnen verstehen zu können, müssen wir den meteorologischen Vorgang des „Austausches" etwas näher betrachten.

b) Der atmosphärische Austausch

Wir knüpfen an die Abb. 16 (S. 24) an, die uns die für alle Gase typische Eigenschaft der sog. „Brownschen Bewegung" zeigt. Danach durchläuft ein Gasteilchen infolge seiner dauernden Zusammenstöße mit anderen in einer bestimmten Zeit etwa die in Abb. 29 dargestellte Bahn. Die unregelmäßigen Zickzackbewegungen nach allen Seiten bedingen eine Durchmischung des Gases, die bestehende Unterschiede irgendwelcher Art im Laufe der Zeit ausgleicht. Betrachten wir die Erscheinung „makroskopisch", d. h. so, wie sie sich uns im Mittel über eine große Anzahl von Einzelteilchen und Einzelvorgänge in der Regel darstellt, so erkennt man unschwer ihre Bedeutung als Träger aller molekularen Transportvorgänge im Gas (Wärmeleitung, Diffusion usw.).

Abb. 29. Brownsche Bewegung eines Gasteilchens (räumlich zu denken!)

Im atmosphärischen Geschehen reichen diese Molekularvorgänge jedoch nicht aus, um die hier zu beobachtenden tatsächlichen Transportvorgänge erklären zu können: Man kann sich durch eine Abschätzung der Geschwindigkeit, mit der diese Molekularvorgänge ablaufen, unschwer ausrechnen, daß sich z. B. die tägliche Temperaturschwankung des Erdbodens der aufliegenden Atmosphäre durch molekulare Wärmeleitung nur bis zu wenigen Metern Höhe mitteilen könnte — während der wirkliche Einfluß mehrere Kilometer hoch reicht.

Einen Hinweis auf die hier wirksamen Erscheinungen gibt folgendes: Die Luftbewegung in der Atmosphäre ist nie „laminar" d. h. so, daß sich ein Luftteilchen parallel zum anderen bewegt, sondern verläuft stets „turbulent". Man erkennt dies z. B. deutlich am Zerfasern einer Rauchfahne oder am Zerfließen eines Kondensstreifens am Himmel (vgl. z. B. Abb. 30).

Abb. 30. Rauchfahne als Bild einer turbulenten Strömung

Verfolgt man die Bewegung einzelner Luftteilchen in einer solchen Turbulenzströmung, so ergibt sich an Stelle der „geordneten" Bahnen der Laminarströmung ein Strömungsbild, bei dem sich der allgemeinen Bewegungsrichtung ständig ungleichmäßige Bewegungen in wechselnden Richtungen überlagern: Die einzelnen Stromfäden laufen gegen- und durcheinander und bilden eine Art „Flechtströmung", die an eine ins Große übersetzte Brownsche Bewegung erinnert, bei der an Stelle der Moleküle mehr oder weniger große Luftballen getreten sind. Die Größe dieser Luftballen („Turbulenzkörper" genannt) hängt von äußeren Einflüssen ab und stellt ein wesentliches Charakteristikum des betreffenden Vorganges dar. Man beobachtet ein weites Gebiet solcher Turbulenzkörper, das von der „Mikroturbulenz" im aufsteigenden Zigarettenrauch bis zur „Großturbulenz“ des regionalen Luftmassenaustausches auf der Erde reicht.

Die wichtigste Folge dieser Turbulenz ist die Durchmischung benachbarter Luftmassen und damit die ausgleichende Wirkung von stofflichen und energetischen Verschiedenheiten in horizontaler und vertikaler Richtung. — Es liegt auf der Hand, daß dieser Vorgang *ungleich rascher und wirksamer* zum Ausgleich bestehender Unterschiede und damit zum Transport im atmosphärischen Gasraum führt als der Molekularvorgang.

Man bezeichnet diesen atmosphärischen Transportprozeß allgemein als „Massenaustausch“, „turbulenten Austausch“ oder auch als „Austausch“ schlechthin.

Die oben erwähnte Analogie zwischen Molekulardiffusion und Austausch gibt auch die Möglichkeit für eine mathematische Behandlung der atmosphärischen Austauschvorgänge, die wir wenigstens in ihren Grundzügen hier einschalten wollen

Wir gehen aus vom Fall der Wärmeleitung in einer gegebenen Richtung. Abb. 31 zeigt einen rechteckigen Luftraum von 1 cm² Querschnitt und der Höhe *h*. Er soll infolge eines vertikalen Temperaturgefälles von unten nach oben von einem Wärmestrom durchsetzt sein. (Daß dieser Wärmetransport in der oben geschilderten Weise durch eine große Anzahl von einzelnen Molekularprozessen zustandekommt, interessiert in diesem Zusammenhang nicht.)

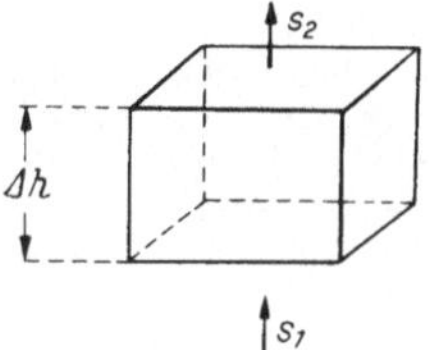

Abb. 31. Raumelement im vertikalen Wärmestrom

Die untere Fläche werde vom Wärmestrom S_1, die obere vom Wärmestrom S_2 durchsetzt. Bezeichnet T die Temperatur und L die sog. „Wärmeleitfähigkeit“, so gelten für die beiden Wärmeströme die Ausdrücke

$$(3.4) \qquad S_1 = L \cdot \left(\frac{\Delta T}{\Delta h}\right)_1; \; S_2 = L \cdot \left(\frac{\Delta T}{\Delta h}\right)_2$$

wo $(\Delta T/\Delta h)_1$ und $(\Delta T/\Delta h)_2$ das Temperaturgefälle an der unteren bzw. oberen Fläche darstellen.

Bildet man die Differenz $S_2 - S_1$, so gibt diese ein Maß für die Wärmezunahme bzw. den Wärmeverlust des betrachteten Raumelementes. Eine Umformung liefert die Beziehung

$$(3.5) \qquad \frac{\Delta T}{\Delta t} = \frac{L}{\varrho c} \cdot \frac{\left(\frac{\Delta T}{\Delta h}\right)_2 - \left(\frac{\Delta T}{\Delta h}\right)_1}{\Delta h} \qquad t = \text{Zeit}, \; \varrho = \text{Dichte}$$

und beim Übergang zu unendlich kleinen Schritten die bekannte partielle Differentialgleichung der Wärmeleitung

$$(3.6) \qquad \frac{\partial T}{\partial t} = K \frac{\partial^2 T}{\partial h^2} \qquad K = \frac{L}{\varrho c} = \text{„Temperaturleitfähigkeit“}$$

Gleichung (3.6) gilt in dieser Form allgemein für alle Vorgänge, bei denen der Verteilungszustand einer Eigenschaft, wie er durch den „räumlichen" Differentialquotienten (Gleichung, rechte Seite) gegeben wird, mit der zeitlichen Änderung dieser Eigenschaft verknüpft wird. Setzt man z. B. in Gleichung (3.6) an Stelle der Temperatur T eine beliebige Eigenschaft s (z. B. Wasserdampfgehalt, Kernzahl oder ähnliches), so beschreibt eine Gleichung der Form

$$\frac{\partial s}{\partial t} = k \frac{\partial^2 s}{\partial h^2} \tag{3.7}$$

ganz allgemein den Vorgang der Diffusion. An Stelle der „Temperaturleitfähigkeit K tritt der „Diffusionskoeffizient" k. Dieser gibt an, welcher Betrag von s bei Gradientänderung* 1 in der Zeiteinheit dem betrachteten Raumelement netto zufließt.

Damit haben wir eine so allgemeine Formulierung gefunden, daß wir im Sinne unserer Analogie zwischen Diffusion und Austausch versuchen können, auch den Austauschvorgang durch eine solche Gleichung zu beschreiben. Wir setzen dazu an Stelle des Diffusionskoeffizienten K einen Koeffizienten $P = A/\varrho$ (ϱ = Luftdichte) und erhalten dann, je nachdem ob wir die Größe A als höhenunabhängig annehmen oder ihm eine Änderung mit der Höhe zubilligen, die beiden folgenden Differentialgleichungen:

$$\frac{\partial s}{\partial t} = \frac{A}{\varrho} \frac{\partial^2 s}{\partial h^2} \tag{3.8}$$

$$\frac{\partial s}{\partial t} = \frac{A}{\varrho} \frac{\partial^2 s}{\partial h^2} + \frac{1}{\varrho} \frac{\partial A}{\partial h} \frac{\partial s}{\partial h} \tag{3.9}$$

Die Größe A wird als „Austauschkoeffizient" bezeichnet Man überzeugt sich, daß diese Größe den „Fluß" S der betrachteten Eigenschaft durch ein zur Richtung des Vorganges senkrechtes Flächenelement beim Gradienten $\partial s/\partial h$ angibt

$$S = -A \frac{\partial s}{\partial h} \tag{3.10}$$

und leitet daraus die Gleichung

$$-\frac{\partial s}{\partial t} = \frac{1}{\varrho} \frac{\partial S}{\partial h} \tag{3.11}$$

ab, die in anderer Formulierung das Gleiche aussagt, wie Gleichung (3.8) oder (3.9).

Es zeigt sich, daß man in der Tat das Austauschgeschehen in dieser Weise mathematisch behandeln kann. Integriert man die Gleichungen, so kann man entweder bei bekanntem A und $A(h)$ die Höhenverteilung und die zeitliche Änderung der betrachteten Eigenschaft s berechnen oder, wenn diese Verteilung und zeitliche Veränderung durch Beobachtung gegeben sind, den Austauschkoeffizient A und seine Höhenabhängigkeit $A(h)$ ermitteln.

Da direkte Messungen des Austauschkoeffizienten schwierig sind, wird im allgemeinen der zweite Weg beschritten, die Gleichungen (3.8), (3.9) oder (3.11) zur indirekten Ermittlung von A und $A(h)$ auf Grund von Messungen der Höhenverteilung eines Elementes und seiner zeitlichen Änderungen zu

* „Gradient" = Änderungsbetrag einer Größe längs eines Einheitsintervalles.

benutzen. Das Verfahren vereinfacht sich, wenn stationäre Verhältnisse betrachtet werden können, bei denen keine zeitlichen Änderungen mehr erfolgen, da dann $\partial s/\partial t = 0$ wird.

Die Bestimmungen des Austauschkoeffizienten A in der Atmosphäre ergeben Werte in der Größenordnung von $100\ g \cdot cm^{-1} \cdot sec^{-1}$ gegenüber Werten von etwa $10^{-4}\ g \cdot cm^{-1} \cdot sec^{-1}$ für die entsprechende Größe bei molekularen Vorgängen. Dies gibt die Erklärung dafür, daß die atmosphärischen Mischungs- und Trans-

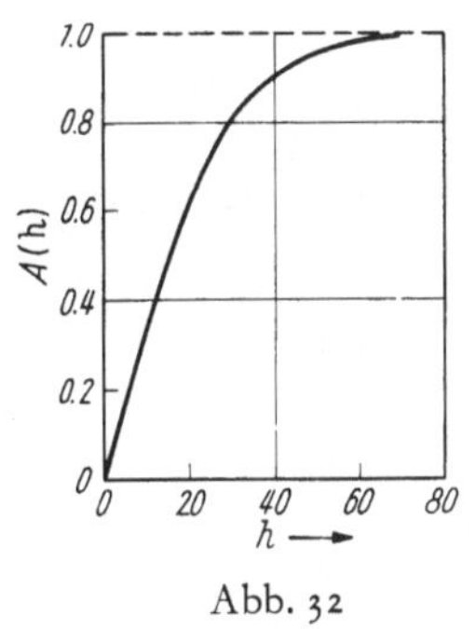

Abb. 32

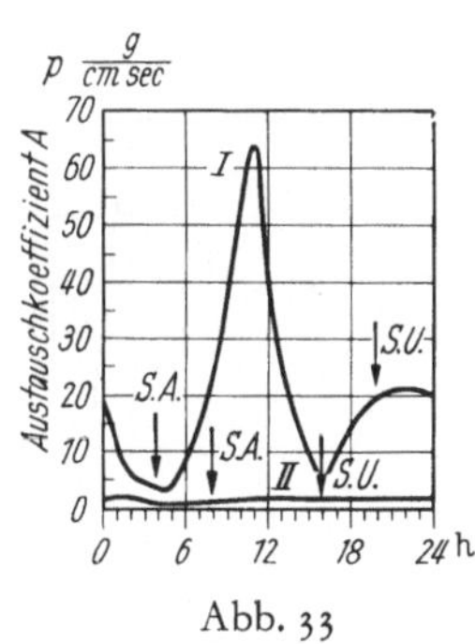

Abb. 33

Abb. 32. Schema der Höhenabhängigkeit des Austauschkoeffizienten (nach einem Ansatz von M. Franke)

Abb. 33. Tagesgänge des Austauschkoeffizienten in 70 m Höhe an klaren Sommertagen (I) und an trüben Wintertagen (II) in Leafield/England (nach M. Franke)

portvorgänge um Größenordnungen rascher und wirksamer verlaufen, als es durch die Molekularvorgänge auf Grund der Brownschen Bewegung möglich wäre.

Nur in unmittelbarer Bodennähe im Bereich des Pflanzenwuchses kann der Austausch so klein werden, daß er praktisch verschwindet. Mit zunehmender Höhe nimmt er rasch zu und strebt bei gleichmäßigem vertikalem Temperaturverlauf etwa nach Art der Abb. 32 einem höhenunabhängigem Grenzwert zu.

Der Austausch hängt in erheblichem Maße von der atmosphärischen Temperaturschichtung ab: Bei stabiler Schichtung wird seine Wirkung gehemmt, bei labiler vergrößert. Da diese Temperaturschichtung sowohl regelmäßige Variationen im Laufe eines Tages und Jahres durchläuft als auch ständigen Beeinflussungen durch die Wetterentwicklung unterliegt, ergeben sich für die Austauschwirkung und ihre Höhenveränderung entsprechende

Variationen. Die ff. Abb. 33 und 34 geben einige Beispiele dafür: In Abb. 33 sind Tagesgänge des Austauschkoeffizienten dargestellt, wie sie nach Temperaturmessungen an einer englischen Station für 70 m Höhe an klaren Sommertagen und an trüben Wintertagen ermittelt wurden. Abb. 34 gibt Tagesgänge des Austauschkoeffizienten für 5, 10, 15 und 20 m Höhe, die auf Grund bestimmter plausibler Annahmen aus der Tagesperiode des täglichen Wärmeflusses vom Boden zur Atmosphäre berechnet sind.

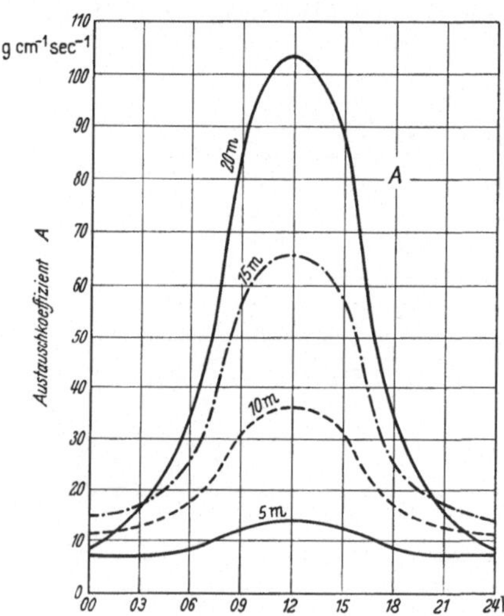

Abb. 34. Tagesgänge des Austauschkoeffizienten in verschiedenen Höhen, ermittelt aus dem täglichen Wärmestrom vom Boden nach oben (nach H. LETTAU)

Die Abbildungen zeigen deutlich die große Variabilität dieses Elementes.

c) Luftelektrische Wirkungen des Austausches

Die geschilderten Prozesse des Austausches in der Atmosphäre wirken in horizontaler und vertikaler Richtung verteilend, ausgleichend und durchmischend. Die Wirkung in horizontaler Richtung tritt im allgemeinen wegen des geringeren „Gefälles" der atmosphärischen Eigenschaften bzw. Beimengungen in der Horizontalen weniger charakteristisch in Erscheinung als die Wirkung in der Vertikalen.

Die wesentlichen Ursachen des Austausches sind, wie wir sahen, die Luftbewegungen und das ständige Spiel von Erwärmungen und Abkühlungen an der Erdoberfläche, die sich von hier der Luft mitteilen. Zusätzliche gestaltende Einflüsse sind die Bodenbeschaffenheit — die sog. „Bodenrauhigkeit" — und vor allem die vertikale Temperaturschichtung.

Die Bedeutung des atmosphärischen Austauschgeschehens für die luftelektrischen Vorgänge ist darin zu sehen, daß dieses den Gehalt der atmosphärischen Luft an Suspensionen regelt und damit ihre elektrische Leitfähigkeit maßgeblich bestimmt. Im einzelnen zeigt dieser Steuerungsvorgang zahlreiche Varianten, der das an sich schon sehr vielgestaltige Austauschgeschehen in seinen Auswirkungen noch komplizierter gestaltet, wie wir z. B. an folgenden Beispielen sehen:

Es ist zu erwarten, daß u. a. auch die Tagesgänge der luftelektrischen Elemente, die wir beobachten, hier ihre Ursache haben.

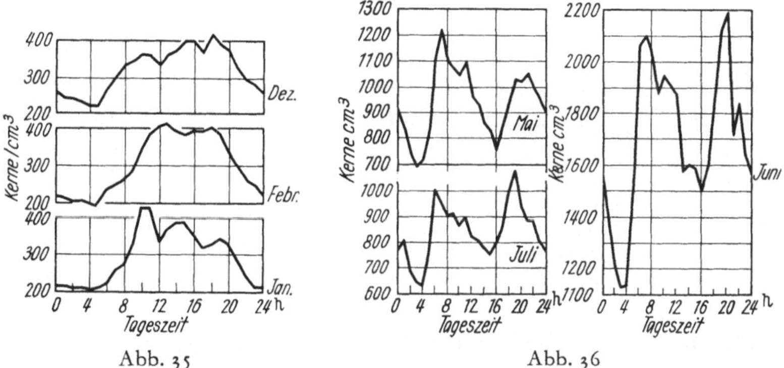

Abb. 35

Abb. 36

Abb. 35. Mittlere Tagesgänge der Kondensationskernzahlen in Payerne (Schweiz) in den Wintermonaten (nach P. Ackermann)

Abb. 36. Das Gleiche im Sommer

Dies ist auch in weitgehendem Maße der Fall. Abb. 35 u. 36 geben Beispiele für Tagesschwankungen des Kondensationskerngehaltes im Winter und Sommer, die eine typische Eigenschaft austauschbedingter Tagesgänge erkennen lassen: Im Winter zeigen die Kurven eine einfache Tagesschwingung mit kleinsten Werten in den frühen Vormittagsstunden und größten Werten am Nachmittag. Im Sommer erscheinen 2 Maxima und 2 Minima. — Die Erklärung, auf die wir noch näher zurückkommen, ist die, daß von einer gewissen Austauschgröße an die Nachlieferung von unten nicht mehr mit dem Aufwärtstransport Schritt hält. Diese Grenze wird offensichtlich bei den sommerlichen Austauschwerten um die Mittagszeit erreicht.

Wird mit wechselndem Austausch nicht nur der Suspensionsgehalt sondern auch der Gehalt an radioaktiven Stoffen in der Luft verändert, wie es im allgemeinen Fall zu erwarten ist, so wird das Ionisationsgleichgewicht auch von seiten der Ionenerzeugung her einer Änderung unterworfen, was eine neue Variante des Zusammenspiels mit sich bringt. Auch dafür ein Beispiel: Abb. 37 gibt Messungen des Radium-Emanationsgehaltes der Luft an der Grenze zweier verschiedener Luftmassen wieder. Beide waren durch eine sog. „Inversion" getrennt, die etwa in der Höhe des Meßortes (Feldberg im Taunus) lag und bei Höhenschwankungen die Station mehrfach in den Bereich der einen bzw. anderen Luftmasse brachte. Die obere, wärmere Luft ist arm, die untere, kältere reich an Radium-Emanation.

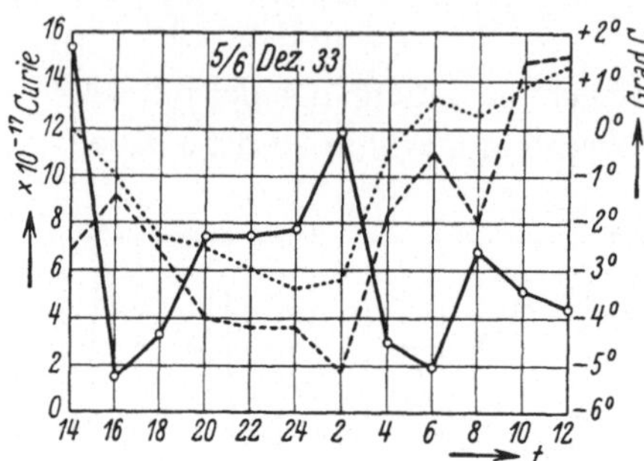

Abb. 37. Radium-Emanationsgehalt und Luftmasse (nach F. BECKER). Ausgezogene Kurve: Emanationsgehalt, gestrichelte Kurve: Lufttemperatur in 2 m Höhe, punktierte Kurve: Lufttemperatur in 40 m Höhe

Der Einfluß der Temperaturschichtung auf die Austauschwirkung wird durch die beiden Abbildungen 38 und 39 illustriert.

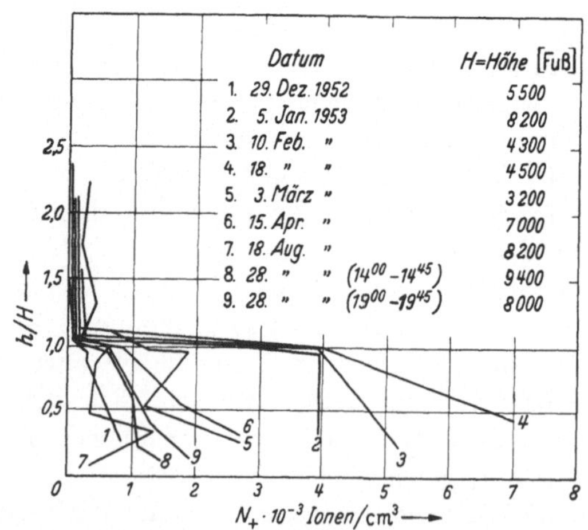

Abb. 38. Höhenverteilung der geladenen Suspensionen bei 9 Flugzeugaufstiegen (nach R. SAGALYN u. a.)

Erfahrungsgemäß ist der vertikale Temperaturverlauf in der Atmosphäre nicht gleichmäßig sondern durch eine (oder mehrere) sog. „Inversionen" unterbrochen. Diese Schichten, in denen Temperaturkonstanz oder -zunahme nach oben herrscht, vermindern oder unterbrechen den Vertikalaustausch. Dies wird kenntlich durch sprunghafte Änderungen des Suspensionsgehaltes*. In Abb. 38 sind die Ergebnisse von 9 Meßaufstiegen zusammengestellt, die die Höhenabhängigkeit der Großionenzahlen zeigen. Als Höhenmaß ist nicht die Höhe selbst sondern das Verhältnis h/H gewählt, wo h die jeweilige Höhe und H die Höhe ist, in der der sprunghafte Rückgang der Großionenzahl erfolgte. Auf diese Weise kommt das bei allen 9 Aufstiegen typische Verhalten klarer zum Ausdruck, daß der Gehalt an Suspensionen sprunghaft an der Inversion abnimmt, während die Leitfähigkeit ebenso sprunghaft steigt. Die

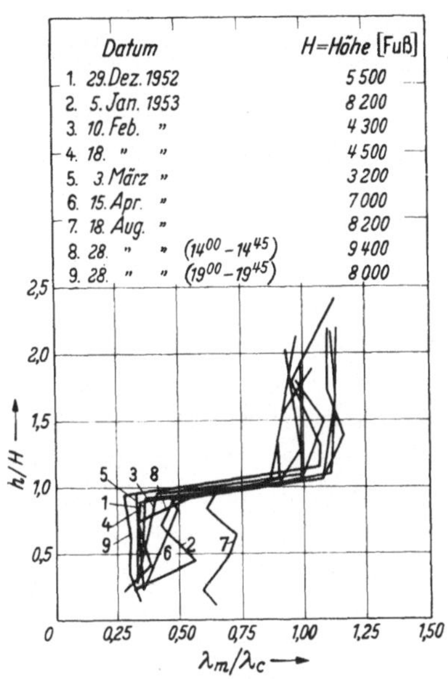

Abb. 39. Höhenverteilung der Leitfähigkeit bei den gleichen Aufstiegen

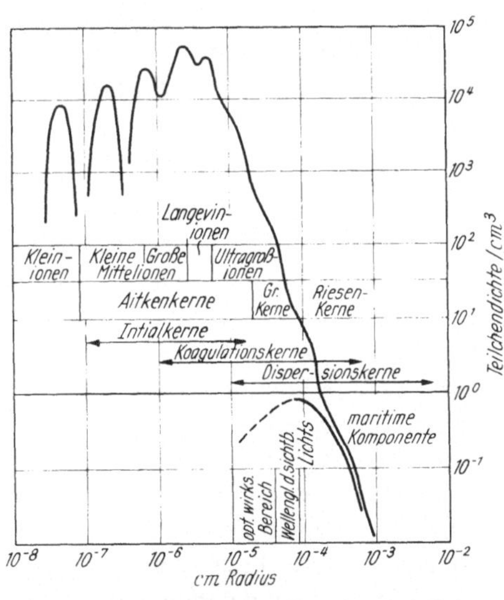

Abb. 40. Übersicht über die Größenverteilung im atmosphärischen Aerosol (nach CHR. JUNGE)

* Dieser geht hier meist auf einen kleinen Bruchteil seines Wertes in tieferen Schichten zurück.

„Sprunghöhen“ H variieren bei den einzelnen Aufstiegen zwischen 3,2 und 9,4 km.

Zum Vergleich sind in derselben Darstellungsart in Abb. 39 die bei den Meßflügen gleichzeitig gemessenen Leitfähigkeitswerte dargestellt. Ihr Verlauf ist, wie zu erwarten, spiegelbildlich zu dem der Großionen.

Schließlich sind Verschiedenheiten im Suspensionsgehalt bezüglich der Größe und chemischen Natur der Teilchen zu erwarten, entsprechend ihrer Herkunft. Unsere Annahme einer nahezu gleichen oder doch vergleichbaren Größe der atmosphärischen Aerosolteilchen, wie wir sie bei der Behandlung der Wiedervereinigung oben eingeführt haben, stellt nur eine Annäherung an die wirklichen Verhältnisse dar. Abb. 40 zeigt an einer von Chr. Junge gegebenen Übersicht die Vielgestaltigkeit der Größenverteilung im atmosphärischen Aerosol, mit der wir u. U. zu rechnen haben. Zwar springen auch hier die Großionen als zahlenmäßig stärkster Partner in die Augen, doch können auch größere und kleinere Teilchen in merklichem Maße beteiligt sein.

IV. Felder und Ströme in der Atmosphäre: Entstehung

1. Luftelektrische Stromkreise

Nach den Betrachtungen der beiden letzten Kapitel über den atmosphärischen Ionisationszustand und die Ursachen seiner Variationen, die uns wesentliche Grundlagen zum Verständnis der elektrischen Vorgänge in der Atmosphäre vermittelt haben, kehren wir zu der im Einleitungskapitel formulierten Grundfrage zurück: Wie kommt es, daß ein elektrisches Feld in der Atmosphäre bestehen kann, obwohl es durch die von ihm ausgelösten Ströme in kurzer Zeit abgebaut werden müßte?

Wir hatten erkannt, daß die elektrischen Erscheinungen in der Atmosphäre nicht als Zustandsgrößen angesehen werden dürfen, sondern nur als Folge von Prozessen verstanden werden können, die zu Ladungstrennungen führen (s. „Satz 4“ auf S. 15). In geläufigerer Ausdrucksweise heißt das: Wir haben in der

Atmosphäre Stromkreise anzunehmen und müssen diese untersuchen bezüglich ihrer Erzeugung, ihrer Steuerung, ihrer Lage und bezüglich ihres Ablaufes.

Abb. 41 zeigt schematisch einen elektrischen Stromkreis. Wir haben in ihm, wie in der Abbildung angedeutet, einen „Erzeugerteil" (links) und einen „Verbraucherteil" (rechts) zu unterscheiden. Der „Generator" im Erzeugerteil kann eine Gleichspannungs- oder eine Wechselspannungsquelle sein. Im Verbraucherteil haben wir bei Gleichstrom die Widerstände und ihre Verteilung im Stromkreis zu berücksichtigen. Bei Wechselstrom ist außerdem den Kapazitäten Rechnung zu tragen. Die Aufgabe, einen solchen Stromkreis zu untersuchen und in seiner Wirkungsweise zu beschreiben, besteht darin, einerseits seine Speisung und Steuerung im Erzeugerteil in ihrer Wirkung zu analysieren und andererseits die Verzweigung und den Verlauf des Stromes im Verbraucherteil in ihrer Abhängigkeit von den vorhandenen Schaltelementen zu bestimmen. Als Analysenhilfsmittel dienen dabei die bekannten Gesetze (Ohmsches Gesetz, Kirchhoffsche Stromverzweigungsregel, elektrochemische und elektrodynamische Erfahrungen u. a. m.).

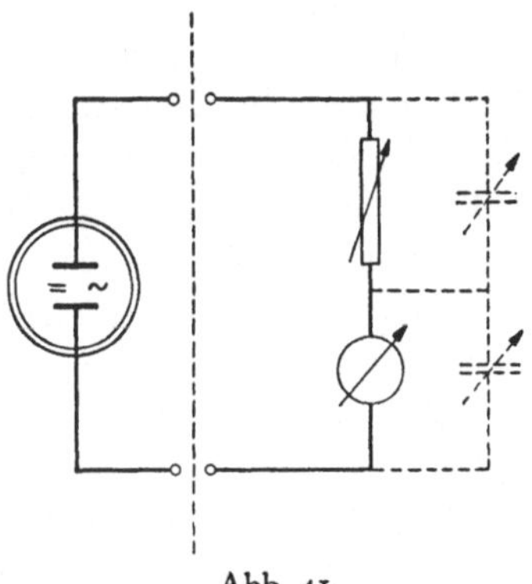

Abb. 41.
Schema eines Stromkreises

Wir übertragen diese Begriffe und Methoden auf unseren Fall der elektrischen Stromkreise in der Atmosphäre und versuchen, das uns hier entgegentretende luftelektrische Geschehen in seinen einzelnen Phasen entsprechend zu analysieren und einzuordnen. Ein Beispiel dafür:

Wir sahen im vorigen Kapitel, daß durch den Austausch der Ionisationszustand der Atmosphäre und damit ihr elektrischer Widerstand entscheidend beeinflußt werden. Wir können also im Ersatzbild diese Austauschwirkung als „veränderlichen Widerstand" im luftelektrischen Stromkreis ansehen. — Das ist jedoch nur eine Seite seiner Wirkung. Noch wichtiger ist u. U. die folgende: Die Bewegung der Teilchen, die transportiert werden, erfolgt unabhängig davon, ob diese geladen sind oder nicht und daher natürlich auch unabhängig vom evtl. Vorhandensein eines elektrischen Feldes. Insbesondere können also geladene Teilchen auch *gegen* die Wirkung eines solchen Feldes bewegt werden. — Dieser Teil ist der Generatorseite zuzurechnen; denn da eine Ladungsbewegung unter Feldeinfluß das Feld schwächt, muß eine Bewegung gegen die Feldrichtung umgekehrt dieses stärken, also feldaufbauend wirken.

Das Beispiel zeigt zweierlei: Einmal erkennt man, daß jeweils sorgfältig zu untersuchen ist, ob ein Vorgang nur widerstandsverändernd oder ladungstrennend wirkt, d. h. ob er als variables Schaltelement zur Verbraucherseite gehört oder ob er mit feldaufbauender Tätigkeit der Generatorseite zuzuordnen ist. Zum anderen sehen wir am Austauschbeispiel, daß im gleichen Prozeß beide Wirkungen vorhanden sein können, daß wir also im luftelektrischen Geschehen mit sehr enger Verzahnung und Verschachtelung beider Stromkreisteile zu rechnen haben. Wir werden im weiteren unter Beachtung dessen die elektrischen Vorgänge in der Atmosphäre untersuchen und ihre Vielgestaltigkeit unter den übergeordneten Stromkreisbegriffen zusammenfassen.

Die Erfahrung zeigt, daß wir 3 Gruppen von Generatorwirkungen in der Luftelektrizität zu unterscheiden haben, die mit dem Austausch, dem Gewitter und den Niederschlägen zusammenhängen. Wir wollen uns die verschiedenen Mechanismen ansehen und jeweils nach ihrem vermutlichen Anteil am luftelektrischen Gesamtgeschehen fragen.

2. Der „Austausch-Generator“

Wir hatten im Einleitungskapitel gesehen, daß das elektrische Feld, das wir in der Atmosphäre haben, nicht das Feld einer geladenen Erdkugel sein kann sondern durch eine Ladungsverteilung bestimmter Art innerhalb der Atmosphäre getragen sein muß. Da sich weiter ergab, daß die (negative) Oberflächenladung eines Flächenstückchens der Erdoberfläche und die in einer darauf ruhenden Luftsäule vom gleichen Querschnitt enthaltene (positive) Raumladung zahlenmäßig einander gleich sind, können wir uns in Ergänzung zu den Abb. 13 u. 14 das luftelektrische Feld von einer Ladungsverteilung nach Art der Abb. 42 getragen denken. Wie kann nun — so fragen wir uns — ein solcher Ladungsaufbau zustandekommen und wie wird er aufrechterhalten?

Man bezeichnet allgemein jede Ladungsbewegung durch andere als elektrische Kräfte als „Konvektionsstrom" — im Gegensatz zu dem durch elektrische Kräfte bewirkten Ladungstransport im „Leitungsstrom". Wir können also unsere oben definierte Generatorwirkung auch ansprechen als einen Prozeß, der einen Konvektionsstrom entgegen der Feldrichtung hervorruft.

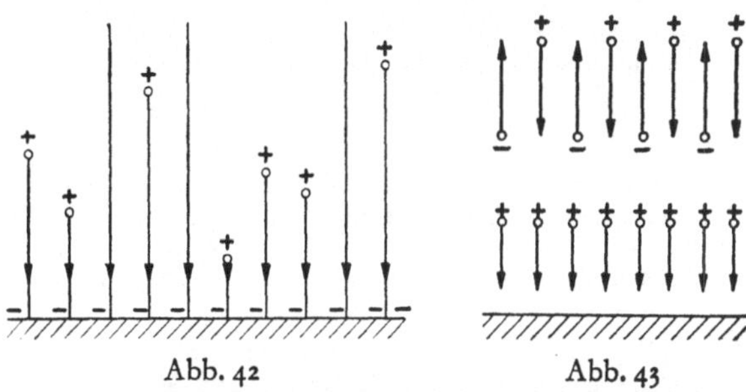

Abb. 42 Abb. 43

Abb. 42. Kraftlinien und Ladungsverteilung in der Atmosphäre
Abb. 43. Schemabild zur Entstehung des Elektrodeneffektes

Im Sinne dessen sehen wir im atmosphärischen Massenaustausch eine Möglichkeit zur Bildung und Erhaltung feldaufbauender Konvektionsströme: Im Zusammenwirken von Feld und Ionisation muß sich in der Nähe des Erdbodens eine positive elektrische Raumladung ausbilden. Der von oben nach unten fließende Strom wird in der freien Atmosphäre durch aufwärtswandernde negative und abwärtswandernde positive Ionen getragen (entsprechend Gleichung 2.13). Mit der Annäherung an den Erdboden tritt der erstgenannte Anteil der aufwärtswandernden negativen Ionen immer mehr zurück, um am Boden selbst ganz zu verschwinden. Der Grund dafür ist leicht einzusehen: Da die am Strom beteiligten Ladungsträger nur in Luft gebildet werden, nimmt die Nachlieferung negativer Ionen von unten her allmählich auf Null ab, wenn man sich dem Boden nähert.

Wir bezeichnen diese Erscheinung, die für das Gasentladungsgeschehen typisch ist und in Raumladungsbildung in Elektrodennähe besteht, als sog. „Elektrodeneffekt". Abb. 43 zeigt schematisch die Entstehung einer solchen Raumladung positiven Vorzeichens in Erdbodennähe.

Wird nun diese Raumladung vom Austausch erfaßt und über einen größeren Höhenbereich verteilt, so ist damit ein feldaufbauender Konvektionsstrom gegeben. — Um die Wirksamkeit dieses Austauschgenerators abschätzen zu können, müssen wir wieder eine kurze mathematische Betrachtung einschalten:

Wir gehen von folgenden 3 Beziehungen aus:

Nach den mathematischen Betrachtungen in Kapitel III, Abschnitt b (s. S. 41) gilt für den Vertikaltransport von Ladung durch ein horizontales Flächenelement unter der Wirkung des Austausches — d. h. für die Stromdichte c des austauschbedingten Konvektionsstromes — die Gleichung

(4.1) $$c = -\frac{A}{\varrho} \cdot \frac{dP}{dh} \qquad \begin{array}{l} \varrho = \text{Luftdichte} \\ h = \text{Höhe} \end{array}$$

wo P die Raumladungsdichte, d. h. die Differenz zwischen den in der Volumeneinheit enthaltenen positiven und negativen Ladungen bedeutet.

Ferner besteht nach Gleichung (2.14) zwischen der Feldstärke E, der Dichte des vertikalen Leistungsstromes i und der Leitfähigkeit Λ die Beziehung

(4.2) $$i = \Lambda E$$

Schließlich gilt nach der sog. „Poissonschen Gleichung" der Potentialtheorie für die Koppelung zwischen Feldstärke E und der Raumladungsdichte P im hier vorliegenden „ebenen Fall" (Abhängigkeit von einer Koordinate — der Höhe — allein) die Gleichung

(4.3) $$\frac{dE}{dh} = 4\pi P$$

Zur Vereinfachung betrachten wir nur den „stationären Zustand", in dem sich der (feldaufbauende) Konvektionsstrom c und der (feldabbauende) Leitungsstrom i gerade die Waage halten:

(4.4) $$i = -c$$

Außerdem nehmen wir den Austauschkoeffizienten A als höhenunabhängig an. (Berücksichtigung der Höhenabhängigkeit von A kompliziert die mathematische Behandlung ganz außerordentlich, ohne grundsätzlich andere Ergebnisse zu liefern.)

Durch Differentiation von Gleichung (4.4) folgt unter Benutzung von (4.1) bis (4.3) eine Differentialgleichung für die Raumladungsverteilung mit der Höhe im Gleichgewichtsfall:

(4.5) $$\frac{A}{\varrho} \cdot \frac{d^2P}{dh^2} = -4\pi\Lambda P$$

Integration ergibt

(4.6) $$P = P_0 \cdot e^{-\sqrt{4\pi\Lambda\varrho/A} \cdot h}$$

Einsetzen von Gleichung (4.6) in Gleichung (4.3) und nochmalige Integration liefert für E und i die Ausdrücke

(4.7) $$E = -\sqrt{\frac{4\pi A}{\Lambda\varrho}} \cdot P_0 \cdot e^{-\sqrt{4\pi\Lambda\varrho/A} \cdot h}$$

$$i = -\sqrt{4\pi \Lambda A/\varrho} \cdot P_0 \cdot e^{-\sqrt{4\pi\Lambda\varrho/A} \cdot b} \tag{4.8}$$

Setzt man für die Leitfähigkeit nach Tabelle 1 (s. S. 37) den Wert $\Lambda = 2 \cdot 10^{-4}$ ein und nimmt für die Raumladung P_0 in Bodennähe einen Wert von 120 Elementarlasungen pro cm^3 an, wie er nach Abb. 44 etwa erwartet werden darf, so berechnet sich nach den Gleichungen (4.7) und (4.8), daß durch den Austauschgenerator am Boden eine bestimmte Feldstärke und eine bestimmte Stromdichte erzeugt werden, die nach oben exponentiell abnehmen, d. h. jeweils nach einer bestimmten Höhe (der sog. „Halbwertshöhe") auf die Hälfte abnehmen.

Wird für den Austauschkoeffizienten A einmal der Wert $A = 10$ und einmal der Wert $A = 100$ angenommen, was etwa den Grenzen entspricht, mit

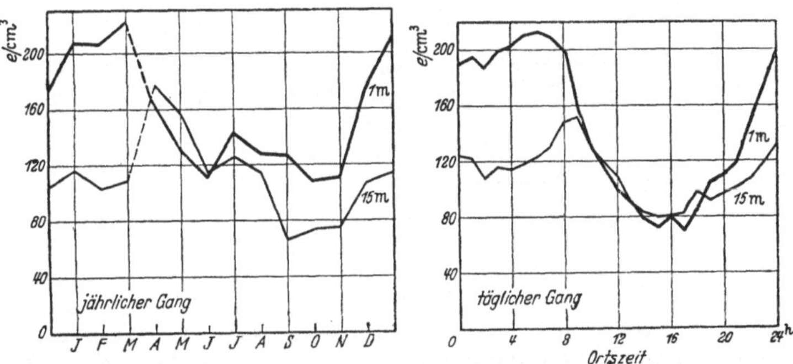

Abb. 44. Jahres- und Tagesgang der Raumladung in 1 m und 15 m Höhe über dem Boden in Stan-Ford, Calif. (nach J. G. Brown)

denen man nach Abb. 33 (s. S. 43) rechnen kann, so ergeben sich für das Bodenfeld, den Vertikalstrom in Bodennähe und für die Halbwertshöhe folgende Zahlen:

Bodenfeld E_0: 28 Volt/m für $A = 10$; 89 Volt/m für $A = 100$

Bodenstrom i_0: 0,62 · 10^{-16} Amp/cm für $A = 10$; 1,96 · 10^{-16} Amp/cm für $A = 100$

Halbwertshöhe b: 12,7 m für $A = 10$; 40 m für $A = 100$

Um das Wirken des Austauschgenerators zu demonstrieren, sind in Abb. 45 2 Beispiele eines bei Sonnenaufgang zu beobachtenden Effektes wiedergegeben, die nur aus der geschilderten Austauschwirkung heraus erklärt werden können: Dargestellt ist der Verlauf von Feldstärke und Vertikalstrom in der zeitlichen Umgebung des Sonnenaufgangs an wolkenlosen, windstillen Tagen (links) und an bewölkten, windigen Tagen (rechts). Während erwartungsgemäß im ersteren Fall mit Sonnenaufgang eine rasche Zunahme des Austausches und seiner Generatorwirkung erfolgt, fehlt dies an trüben, windigen Tagen nahezu völlig. Die oben gegebene Abschätzung zeigt, daß durch diesen Austausch-Generator sowohl Feldstärken wie auch Vertikalströme erzeugt werden können, die durchaus in der Größenordnung liegen, wie wir sie bei den Messungen tatsächlich finden. Es drängt sich deshalb die Frage auf, ob in diesem Austausch-Generator der von uns gesuchte Vorgang gesehen werden darf, der für die Existenz eines elektrischen Feldes in der Atmosphäre überhaupt verantwortlich ist.

Ein Vergleich mit der Erfahrung führt zu einer verneinenden Antwort aus folgenden Gründen:

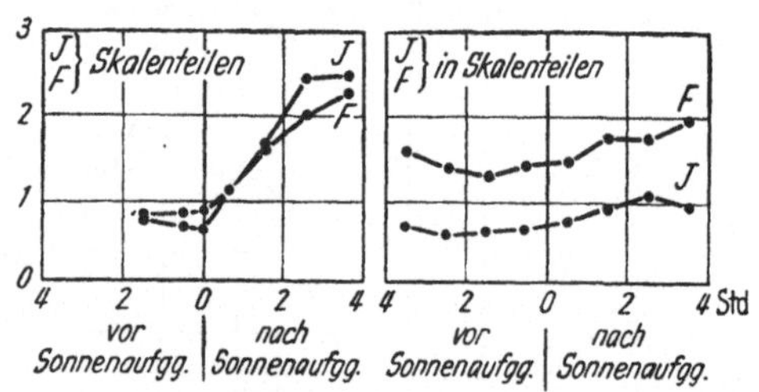

Abb. 45. „Sonnenaufgangs-Effekt“ an wolkenlosen, windstillen Tagen (links) und an bedeckten, windigen Tagen (rechts) in Buchau a. F. (nach H. W. Kasemir)

In Abb. 13 (s. S. 12) hatten wir den mittleren Höhenverlauf des luftelektrischen Feldes und in Abb. 14 (s. S. 13) den zugehörigen Raumladungsaufbau kennengelernt, der dieses Feld tragen würde. Um diese Raumladungsverteilung erzeugen und aufrechterhalten zu können, muß also eine Generatorwirkung vorhanden sein, die einen vertikalen Ladungstransport erzeugt, der mit zunehmender Höhe immer geringer wird. Das Gleiche muß natürlich auch für den feldabbauenden vertikalen Leistungsstrom gefordert werden, da sonst kein Gleichgewichtszustand möglich ist. Wir werden also eine mit der Höhe etwa nach Art der Abb. 14 abnehmende Vertikalstromdichte zu erwarten haben. — Der experimentelle Befund zeigt jedoch einen anderen Verlauf (vgl. Abb. 46): Die Abnahme der Vertikalstromdichte mit der Höhe erfolgt — sofern sie überhaupt auftritt, nur sehr viel langsamer; außerdem kann stattdessen durchaus eine leichte Zunahme mit der Höhe eintreten*.

* Das schließt natürlich nicht aus, daß in den untersten 100 oder 200 m der Atmosphäre ein Austausch-Generator der geschilderten Art wirkt.

Aus der meteorologischen Erfahrung über den Austausch ist bekannt, daß über den Ozeanen im Gegensatz zum Festland eine Tagesvariation des Austausches praktisch fehlt. Auch in höheren Atmosphärenschichten von einigen Kilometern Höhe über dem Boden fehlt diese Tagesvariation. Wenn also die zeitlichen Änderungen des Feldes ursächlich mit der Austauschwirkung zusammenhingen, so müßte sowohl über See wie in größerer Höhe über Land — etwa im Hochgebirge — die Tagesvariation der Feldstärke in Fortfall kommen. Auch dies trifft keineswegs zu. — Vielmehr besteht über See wie auch in größeren Gebirgshöhen ein ausgeprägter Tagesgang des luftelektrischen Feldes, der allerdings — wie wir im weiteren sehen werden — zumindest über See ein gänzlich anderes Verhalten zeigt, als in den unteren Luftschichten über Land.

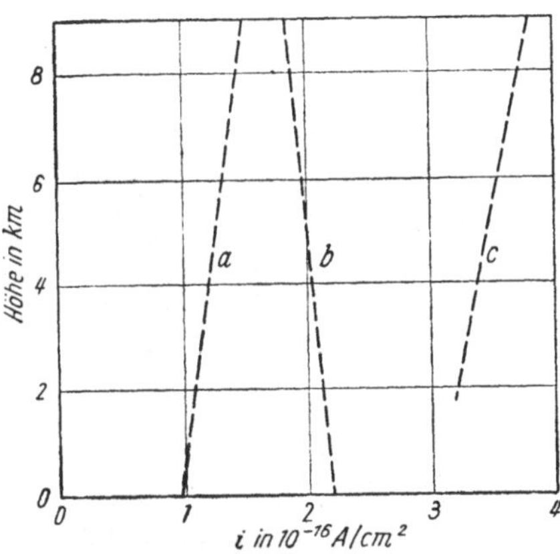

Abb. 46. Vertikalstromdichte in verschiedenen Höhen (nach Messungen von A. Wigand — Kurve b — und von F. Rossmann — Kurven a und c)

Aus beiden Erfahrungen muß der Schluß gezogen werden, daß wir uns nach einem anderen luftelektrischen „Grund-Generator" umsehen müssen.

3. Der „Gewitter-Generator"

Betrachten wir die rhythmischen Veränderungen des luftelektrischen Feldes im Tagesverlauf, so stellen wir über dem Festland und über den Ozeanen bemerkenswerte Unterschiede fest:

Abb. 47 zeigt als typisches Beispiel für das Feldverhalten über dem Festland die täglichen Gänge des Feldes während der einzelnen Monate des Jahres in Potsdam. Es prägen sich darin zwei Gangtypen aus:

Im Winter besteht die Tagesvariation in einer einfachen 24stündigen Schwingung mit einem Minimum in den frühen Morgenstunden und einem Maximum am Spätnachmittag. — Zum Sommer hin bildet sich dieser Verlauf immer mehr in eine Doppelschwingung um, die 2 Minima gegen 4 und 14 Uhr zu 2 Maxima etwa gegen 9 und 21 Uhr aufweist. — Eine ähnliche Tendenz zur

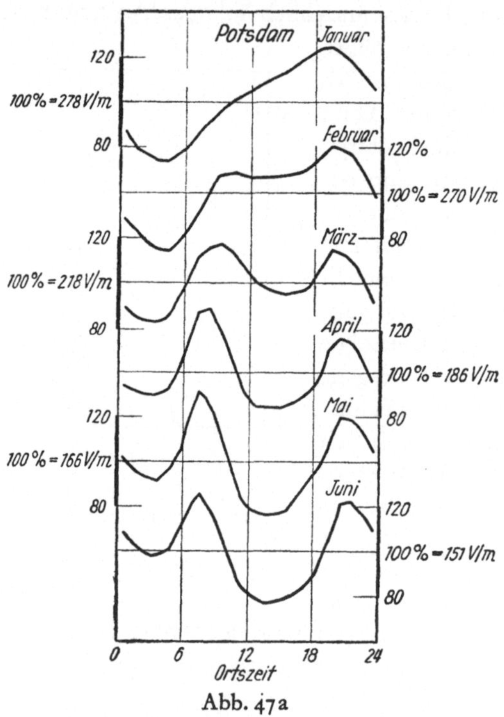

Abb. 47a

Abb. 47. Tagesgang der Feldstärke des luftelektrischen Feldes in Potsdam während der einzelnen Monate des Jahres

jahreszeitlichen Änderung des Gangcharakters im geschilderten Sinne ist an allen Festlandstationen zu erkennen. Varianten zeigen sich dabei insofern, als an einigen Stationen während des ganzen Jahres die einfache Schwingung beherrschend bleibt, während an anderen die Doppelschwingung während des ganzen Jahres „durchschlägt“. Das erstere tritt in der Regel an Stationen mit relativ geringem Suspensionsgehalt, das letztere an solchen mit hohem Suspensionsgehalt auf — eine Erfahrung, die wir uns für die später zu besprechende Erklärung merken wollen. Die zeitliche Lage der Extremwerte ist praktisch immer die gleiche, wie oben angegeben.

Über den Ozeanen und den Schnee- und Eiswüsten der Polargebiete herrscht während des ganzen Jahres die einfache Tages-

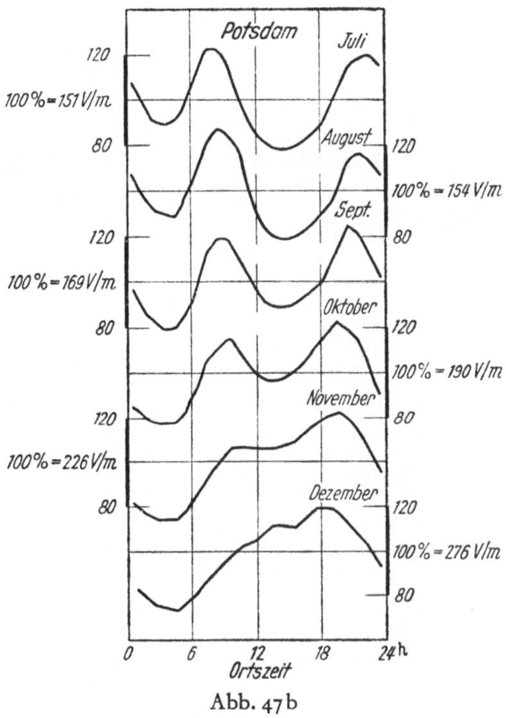

Abb. 47b

schwingung vor. Ihre Extremwerte fallen jedoch nicht mehr auf die gleichen Tageszeiten, sondern zeigen eine scheinbar willkürliche Verschiebung ihrer Lage — bei gleichem zeitlichem Abstand zwischen kleinstem und größtem Wert! — von einer Station zur anderen. Die Erklärung ist die, daß diese Gänge auf der ganzen Erde „phasengleich" sind, d. h. ihren kleinsten und größten Wert *gleichzeitig* auf der ganzen Erde durchlaufen — unabhängig von der jeweiligen Ortszeit! In den beiden folgenden Abbildungen 48 und 49 sind Beispiele dafür wiedergegeben:

Dargestellt sind (jeweils nach „Weltzeit" — Greenwich-Zeit — geordnet) die mittleren Tagesgänge des luftelektrischen Feldes an Polarstationen (Abb. 48) und über den Ozeanen (Abb. 49).

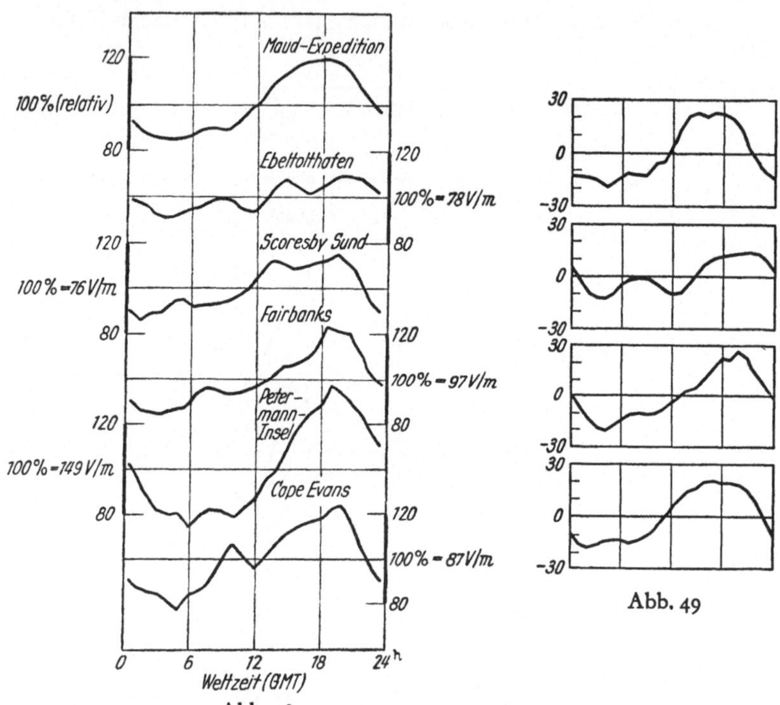

Abb. 48

Abb. 49

Abb. 48. Mittlere Tagesvariation des luftelektrischen Feldes an arktischen und antarktischen Stationen: Maud-Expedition (Arktis), Ebeltolthafen (Spitzbergen), Scoresby Sund (Grönland), Fairbanks (Alaska), Petermanns-Insel (Graham-Land, Antarktis), Cape Evans (antarktischer Kontinent)

Abb. 49. Mittlere Tagesvariation des luftelektrischen Feldes über den Ozeanen während der einzelnen Jahreszeiten (nach den Messungen der Carnegie-Institution, Washington)

Dies Verhalten des luftelektrischen Feldes kann nur so gedeutet werden, daß es offenbar von einem Generator unterhalten wird, der die gesamte Erdatmosphäre gleichzeitig beeinflußt. Daß dieser als weltweit wirksam anzunehmende Grund-Generator an Festlandstationen nicht zu erkennen ist, läßt vermuten, daß hier offenbar die von Variationen mit ortszeitlicher Bindung hervorgerufenen Einflüsse überwiegen und jene Wirkung überdecken. Daß diese Auffassung zutrifft, zeigt die Gegenüberstellung der 3 Kurven in Abb. 50. Stellt man Tagesgänge des Feldes von festländischen Stationen aller Längengrade nach Weltzeit zusammen und bildet das Mittel, so ist zu erwarten, daß sich die ortszeitlich gebundenen Variationen gegenseitig aufheben und einen evtl. vorhandenen weltzeitlichen Anteil hervortreten lassen. Die Übereinstimmung der so gewonnenen Kurve für nicht-polare Festlandstationen mit den beiden anderen bestätigt die Erwartung.

Da wir im Einleitungskapitel sahen, daß das luftelektrische Feld ohne Generatorwirkung in weniger als $^1/_2$ Stunde zusammenbrechen müßte, gibt sein weltweit gleichartiger und gleichzeitiger Verlauf sinngemäß ein Spiegelbild der Aktivität des erzeugenden Generators, dessen Variationen das Feld mit längstens $^1/_2$ Stunde Verzögerung folgt. — Die Suche nach einem solchen Generator, der die gesamte Atmosphäre gleichzeitig beeindruckt und seine geringste (größte) Wirksamkeit zwischen 3 und 5 Uhr (16 und 20 Uhr) Greenwichzeit hat, hat zu der Vermutung geführt, daß das gesamte luftelektrische Geschehen ursächlich mit der Gewittertätigkeit auf der Erde zusammenhängt:

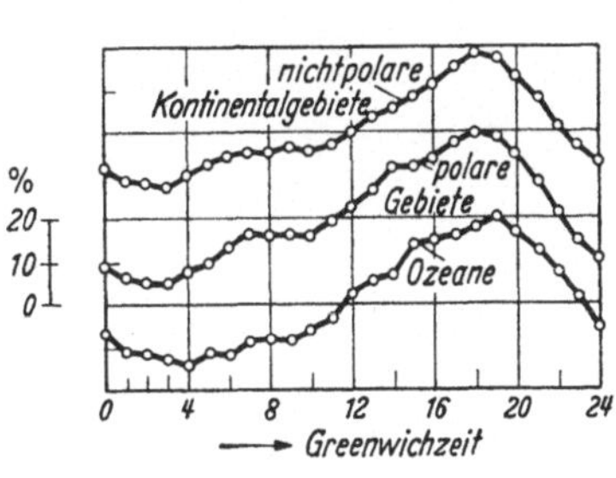

Abb. 50. Weltzeitperiode des luftelektrischen Feldes über den Ozeanen, den Polargebieten und dem nicht polaren Festland (nach N. H. Paramonoff)

Die meteorologische Statistik liefert folgende Angaben über die räumliche und zeitliche Verteilung der Gewitter:

1. Die Hauptgewittertätigkeit spielt sich in den tropischen Landgebieten ab. Entsprechend Abb. 51 zeichnen sich 3 große Gewitterzentren auf der Erde ab: Zentral-Afrika, Zentral-Amerika und Indien/Insulinde.

2. Über See ist die Gewittertätigkeit wesentlich geringer als über Land.

3. An Landstationen zeigt die Verteilung der Gewitterhäufigkeit auf die einzelnen Tagesstunden einen deutlichen Tagesgang mit geringstem Wert am Vormittag und höchstem Wert in den

Nachmittagsstunden. Über See ist der Tagesgang sehr viel geringer und eher umgekehrt: Maximum nachts, Minimum tags.

4. Die Gesamtzahl der im Mittel gleichzeitig auf der ganzen Erde tätigen Gewitter ist auf etwa 2000 zu schätzen, die Gesamtzahl der Erdblitze auf etwa 30 pro Sekunde.

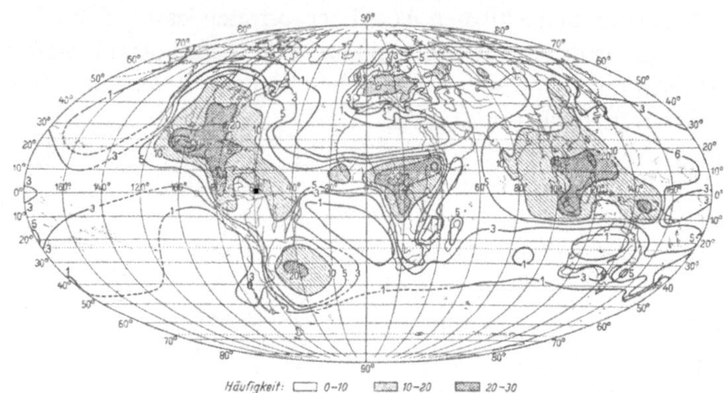

Abb. 51. Verteilung der Weltgewittertätigkeit (räumlich)

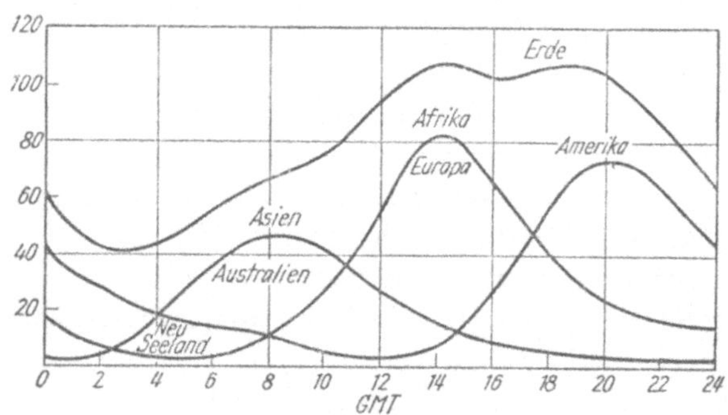

Abb. 52. Verteilung der Weltgewittertätigkeit (zeitlich)

5. Stellt man unter Berücksichtigung des jeweiligen Tagesganges die Gewittertätigkeit der einzelnen festländischen Zentren nach Greenwichzeit (GMT) zusammen, so ergibt sich das in Abb. 52 dargestellte Bild. Die mit „Erde“ bezeichnete Summenkurve gibt dann — vermehrt um den von den Ozeanen stammenden Beitrag — den Tagesverlauf der gesamten Weltgewittertätigkeit.

Vergleicht man den aus der meteorologischen Statistik abgeleiteten Tagesgang der Weltgewittertätigkeit (gestrichelte Kurve in Abb. 53) mit dem aus den Abb. 48 u. 49 entnommenen mittleren Weltzeitgang des luftelektrischen Feldes (ausgezogene Kurve in Abb. 53), so ergibt sich eine derart gute Übereinstimmung, daß die Annahme einer kausalen Koppelung auf der Hand liegt.

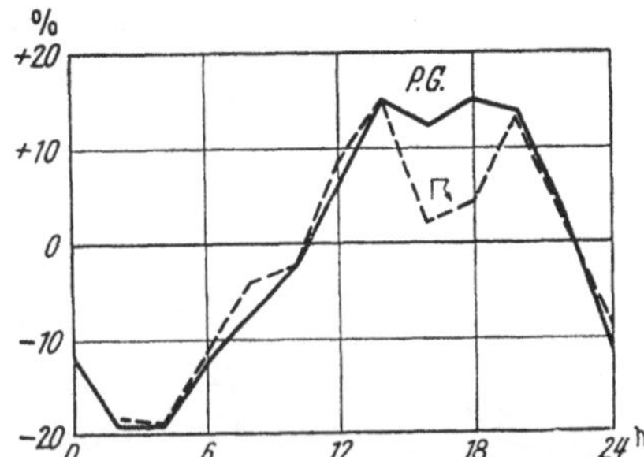

Abb. 53. Weltzeitgang des luftelektrischen Feldes über den Ozeanen und Polargebieten (ausgezogene Kurve) und Weltzeitgang der Gewittertätigkeit (gestrichelte Kurve)

Um den Mechanismus des Gewitter-Generators verstehen zu können, müssen wir die hier wirksamen Effekte der Ladungsbildung bzw. Ladungstrennung genauer betrachten. Dies wird unten in Kapitel VI geschehen. Wir wollen dies deshalb hier unterlassen und zum Abschluß nur noch kurz einige bestätigende Hinweise zur oben entwickelten Vorstellung geben.

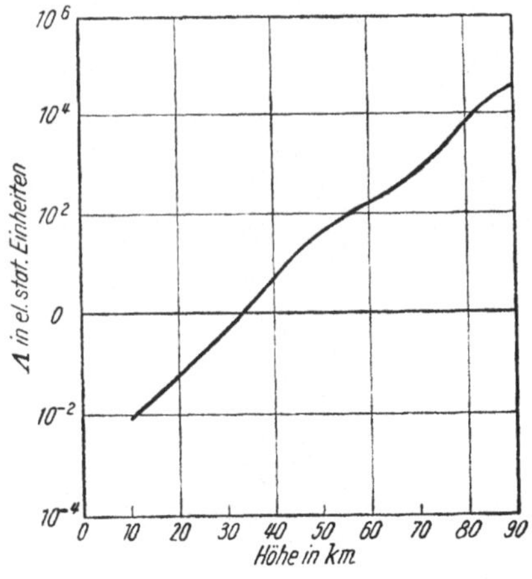

Abb. 54. Die Leitfähigkeit der mittelhohen Atmosphäre

Wir setzen voraus, daß das Gewitter eine entsprechende Ladungstrennung erzeugt und fragen nach Lage und Aussehen des von ihm unterhaltenen Stromkreises.

Da die Feldstärke nach Abb. 13 (s. S. 12) rasch mit der Höhe abnimmt, muß angesichts des nach Abb. 46 (s. S. 55) als nahezu höhenunabhängig anzunehmenden Verlaufes der Vertikalstromdichte nach Gleichung (2.14) die Leitfähigkeit Λ mit der Höhe entsprechend zunehmen. Diese bis in etwa 20 km Höhe auch experimentell nachgewiesene Leitfähigkeitszunahme setzt sich nach oben etwa entsprechend der Darstellung in Abb. 54 fort, wie man rechnerisch aus bekannten Daten über den Aufbau der Atmosphäre und ihre Ionisationsverhältnisse ableiten kann. Diese Leitfähigkeitszunahme hat zur Folge, daß die hochleitfähige Hochatmosphäre zu einem Teil des geschlossenen Stromkreises wird, über den sich die im Gewitter-Generator gebildete Ladungstrennung ausgleicht:

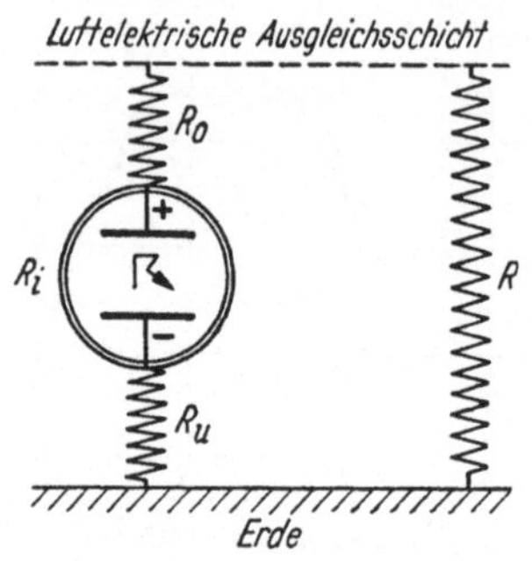

Abb. 55. Ersatzschaltbild des vom Gewitter-Generator gespeisten und unterhaltenen Stromkreises in der Atmosphäre

Man kann die Atmosphäre zwischen dem Erdboden und ihrem oberen leitfähigen Gebiet als das Innere eines großen Kugelkondensators auffassen. Zwischen seinen beiden Belegungen wird durch die Gesamtgewittertätigkeit eine Spannungsdifferenz von einigen 100 Kilovolt aufrechterhalten,

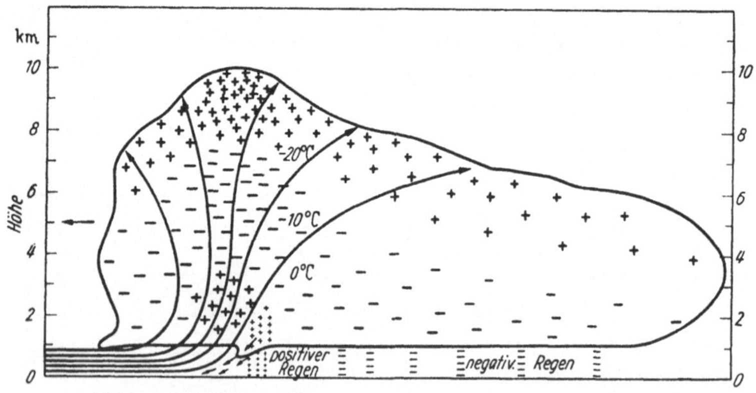

Abb. 56. Ladungsaufbau im Gewitter (nach SIMPSON/SCRASE)

die sich über die gewitterfreie Gesamtatmosphäre auszugleichen suchen und so den normalen vertikalen Leitungsstrom hervorruft. Wir fassen dies im Ersatzschaltbild der Abb. 55 zusammen: Der obere leitfähige Teil wird als „luftelektrische Ausgleichsschicht" bezeichnet und ist in etwa 60—70 km Höhe anzunehmen*.

* Fußnote s. S. 63.

Die hier entwickelte Vorstellung setzt voraus, daß die rund 2000 Gewitter auf der Erde in ihrer Wirkung summiert werden dürfen, daß m. a. W. in jedem von ihnen der Generator „gleich gepolt“ ist. Die Polung muß dabei so liegen, wie in Abb. 55 angedeutet. Diese Voraussetzung ist erfüllt, wie die Erfahrung zeigt: Der Ladungsaufbau im Gewitter entspricht — wie sich bisher ausnahmslos ergeben hat — etwa dem in Abb. 56 gezeichneten Bild einer bipolaren Wolke, deren positives Ladungsgebiet im oberen Teil konzentriert ist, während die unteren Gebiete — mit Ausnahme der Wolkenpartien im sog. „Aufwindschlot“ — negative Ladung enthalten.

Summiert man den in gewitterfreien Zeiten zur Erde fließenden Vertikalstrom, so ergibt sich für die ganze Erde ein ständiger Zufluß positiver Ladung von rund 1600 Amp. Soll dieser Strom durch die Gewittertätigkeit geliefert werden, so muß bei den rund 2000 Gewittern, die ständig in Tätigkeit sind, im Mittel jedes Gewitter einen Beitrag von 0,8 Amp. liefern. Es gehört zu den stärksten Stützen der hier behandelten Anschauung vom Gewitter-Generator, daß Ströme dieser Größe beim Überfliegen von Gewittern vor einigen Jahren tatsächlich gemessen werden konnten.

Abschließend fassen wir unsere Erfahrungen über den Gewitter-Generator dahingehend zusammen, daß wir in ihm *die weltweit wirkende Grundursache des luftelektrischen Feldes* gefunden haben.

4. Der „Niederschlags-Generator“

Eine weitere Ladungsbewegung durch nicht-elektrische Kräfte ist mit der Niederschlagstätigkeit verknüpft. Man kann dies leicht nachweisen, wenn man den fallenden Niederschlag in einem isolierten Gefäß auffängt, das mit einem empfindlichen Meßinstrument (Elektrometer) verbunden ist. Man kann auch die Ladung einzelner Niederschlagsteilchen bestimmen, wenn man diese durch einen isolierten Metallring fallen läßt und die durch die bewegte Ladung erzeugte Influenzierung im Ring mißt.

---

* Der weltweite luftelektrische Ausgleich vollzieht sich also eindeutig in Höhen *unterhalb* der Ionosphäre. Es ist also kein Zusammenhang des luftelektrischen Geschehens mit Vorgängen im ionosphärischen Bereich zu erwarten.

Die Ladung der Niederschläge variiert in weiten Grenzen von unmeßbar kleinen Werten bis zu Beträgen, die u. U. eine Hochantenne derart hoch aufladen können, daß von ihr zu geerdeten Teilen Funken von mehreren cm Länge überspringen können.

Es ist beim Niederschlagsgeschehen schwieriger, den Generatormechanismus klarzustellen als bei den beiden anderen Generatoren. Denn mit dem Niederschlag sind 2 Generatorwirkungen verknüpft, die nur schwer voneinander zu trennen sind: Die eine steht in ursächlicher Verbindung mit der Niederschlagsbildung in den Wolken, die andere kommt beim Fallen der Niederschlagsteilchen zustande, wie man sich leicht überzeugt:

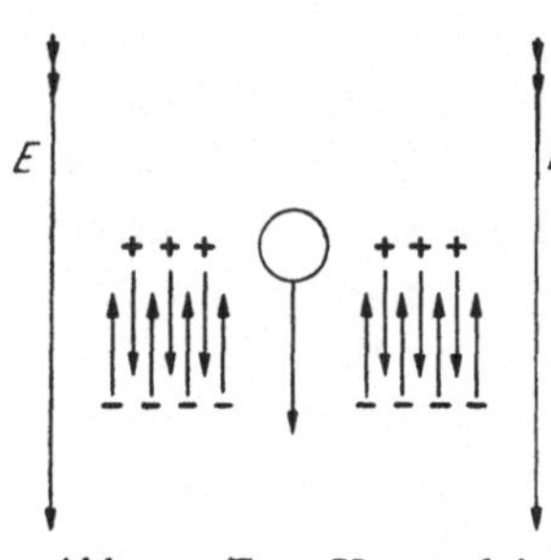

Abb. 57. Zum Verständnis des „Assymmetrie-Effektes"

Fällt z. B. ein Regentropfen im ionenhaltigen Luftraum nach unten, so begegnet er dabei gleich viel positiven und negativen Ionen. Er nimmt einen Teil von ihnen auf, deren Ladungen sich gegenseitig kompensieren; die Tropfenladung bleibt also unverändert. — Besteht jetzt aber im Fallraum gleichzeitig noch ein vertikales elektrisches Feld, so setzen sich unter dessen Wirkung auch die vorhandenen Ionen vertikal aufwärts und abwärts in Bewegung (vgl. Abb. 57). Bei der in der Abbildung angenommenen Feldrichtung wandern die positiven Ionen in gleicher Richtung mit dem fallenden Tropfen, die negativen ihm entgegen. Diese Assymmetrie der Bewegungen hat zur Folge, daß der Tropfen jetzt bei seinem Fall mehr negative als positive Ionen aufnimmt, also eine negative Aufladung erfährt. War er beim Verlassen der Wolke ungeladen, so kommt er mit negativer Ladung am Boden an; verließ er die Wolke mit positiver (negativer) Ausgangsladung, so kommt er mit verringerter, u. U. umgepolter (vergrößerter) Endladung, in jedem Fall also mit veränderter Ladung unten an. Ein Rückschluß auf den Anfangszustand — und damit der Wolken-Generator! — ist dadurch praktisch unmöglich gemacht.

Die Überlegung zeigt, daß der Fall eines Teilchens unter den in Abb. 57 angenommenen Bedingungen der feldbedingten Ladungsbewegung entgegenwirkt, also Generatorwirkung hat. Man

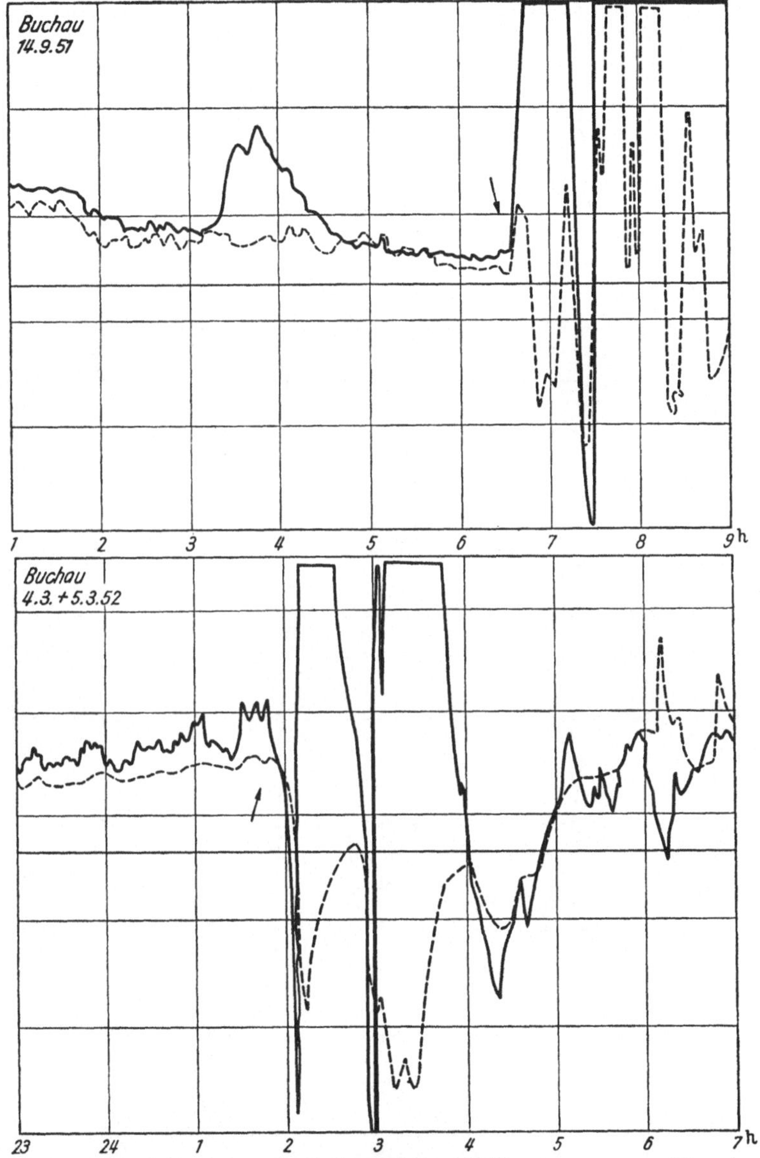

Abb. 58. Registrierungen des luftelektrischen Feldes (ausgezogene Kurve) und des Vertikalstromes. An den mit einem Pfeil bezeichneten Zeiten beginnt es zu regnen.

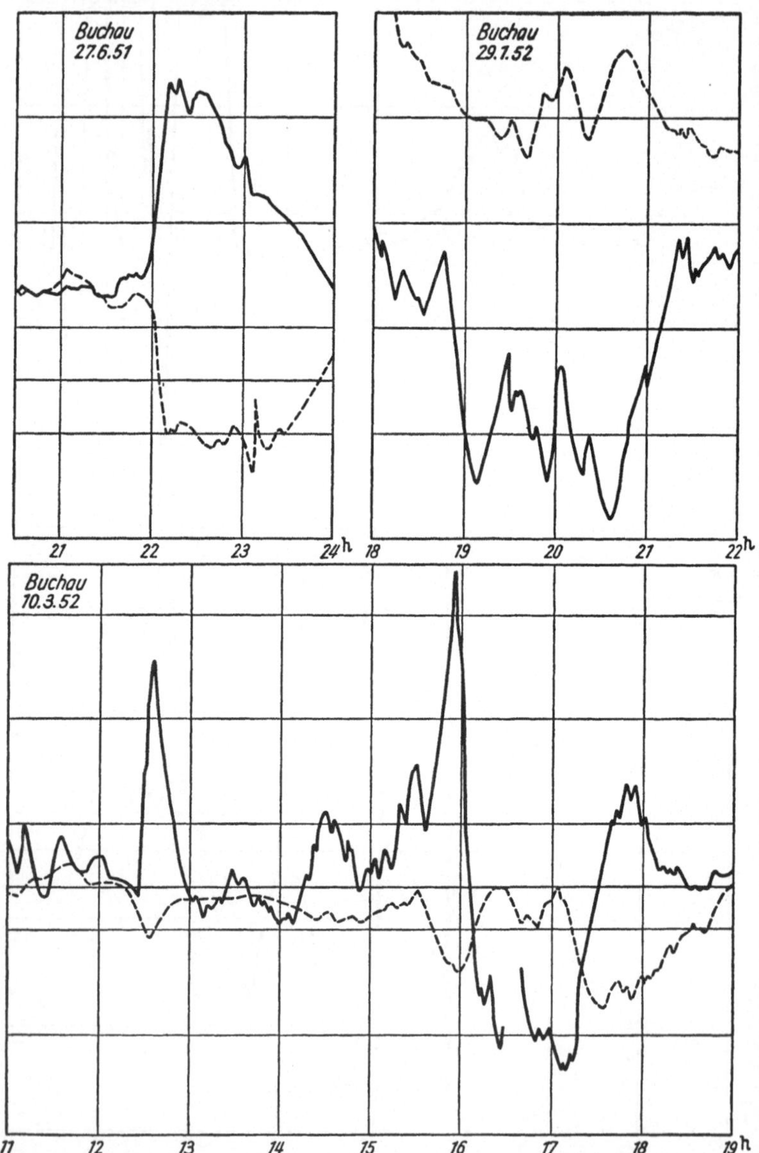

Abb. 59. Registrierbeispiele für den „Spiegelbildeffekt". Luftelektrisches Feld (ausgezogene Kurve) und Ladungstransport im Niederschlag (gestrichelte Kurve) bei Regen (oben links) und Schneefall (oben rechts)

bezeichnet diese an die Fallbewegung geknüpfte Generatorwirkung als „Assymmetrie-Effekt“ (E. WALL). Sie ist etwa wie folgt zu formulieren:

Jedes Teilchen, das in ionisierter Luft ein vertikales elektrisches Feld unter der Wirkung der Schwerkraft durchfällt, sucht eine elektrische Ladung anzunehmen, deren Vorzeichen gleich dem der dem Teilchen entgegenwandernden Luftionen ist. Seine Bewegung durch das elektrische Feld erfolgt deshalb unter Arbeitsaufwand auf Kosten der Schwerkraft und trägt zur Steigerung der Feldenergie bei.

Damit ist der Teil der Generatorwirkung, der mit dem Fallen des Niederschlags in Verbindung steht, aufgeklärt. Die mit seiner

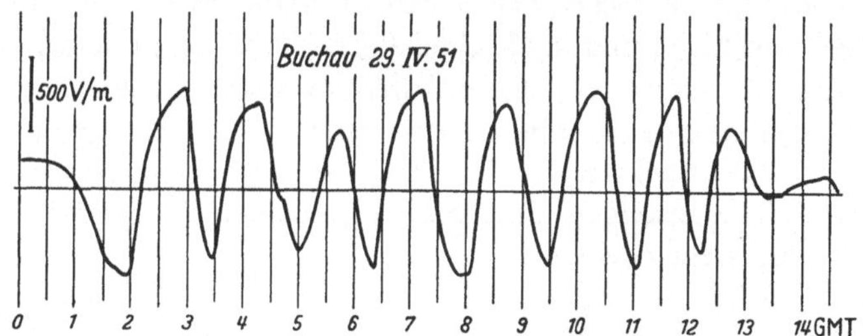

Abb. 60. Regelmäßige Schwankungen des luftelektrischen Feldes bei Niederschlag

Bildung verknüpfte Generatorwirkung soll hier zunächst beiseite gelassen werden; sie wird zusammen mit dem Gewittergeschehen in Kapitel VI behandelt.

Man erkennt das Einsetzen des Niederschlags-Generators in den luftelektrischen Registrierungen am Boden daran, daß mit beginnendem Niederschlag in der Regel Feld und Strom fast augenblicklich zu *sehr* viel größeren Werten übergehen; außerdem wird der ganze Charakter der Aufzeichnung alsbald sehr viel uneinheitlicher und unruhiger. Abb. 58 zeigt 2 Ausschnitte aus Registrierungen, die sowohl den plötzlichen Einsatz des Niederschlagsgenerators wie auch das sehr viel unruhigere Verhalten der beiden Elemente während Niederschlags demonstrieren.

Bei ruhigem Regen ist das luftelektrische Feld in der Regel negativ — d. h. die Feldlinien, die definitionsgemäß von der positiven zur negativen Seite verlaufen, zeigen vertikal nach oben. Bei ruhigem Schneefall herrscht dagegen meist positives Feld vor.

Bei böigen Regen- und Schneefällen ist das Feld stärker erhöht und zeigt häufigeren Vorzeichenwechsel.

Nach dem Assymmetrie-Effekt ist zu erwarten, daß demgemäß ruhiger Regen in der Regel positive, ruhiger Schneefall in der Regel negative und böiger Niederschlag wechselnde Ladung zur Erde bringen sollte. Dies wird durch die Erfahrung weitgehend bestätigt. Die Gegenläufigkeit von Niederschlagsladung und Feldrichtung wird als „Spiegelbildeffekt" (G. C. Simpson) bezeichnet. Abb. 59 zeigt einige Beispiele dieser immer wieder zu beobachtenden Erscheinung.

Eine andere bei Niederschlägen häufig zu beobachtende Reaktion des luftelektrischen Feldes besteht darin, daß sich dem in der Regel unruhigen und ungleichmäßigen Verhalten desselben mitunter für kürzere oder längere Zeiten regelmäßige Schwankungserscheinungen der in Abb. 60 dargestellten Art überlagern können. Die Schwankungsamplituden können bis zu mehreren tausend Volt/m ansteigen. Eine befriedigende Erklärung für die Erscheinung steht noch aus.

V. Felder und Ströme in der Atmosphäre: Verlauf

1. Prinzipien

a) Stationäres und nicht stationäres Geschehen

Wir wenden uns nun der Verbraucherseite unserer luftelektrischen Stromkreise zu. Hier haben wir zu untersuchen, wie sich die verschiedenen Stromkreise in der Atmosphäre schließen und zeitlich verändern. Als „Schaltelemente" im Sinne der Abb. 41 (s. S. 49) haben wir dabei die variablen Widerstände, die durch Atmosphärenbereiche verschiedenen Ionisationszustandes gebildet werden, und die Kapazitäten zu beachten.

Wir sind aus dem täglichen Leben gewohnt, daß in einem Stromkreis, den wir schließen — z. B. beim Einschalten des Lichtes — der Strom sofort in voller Stärke fließt und sich zeitlich nicht mehr ändert. Das ist aber nur deshalb möglich, weil unsere elektrotechnischen Anlagen durchweg verhältnismäßig geringen elektrischen Widerstand haben und deshalb die unvermeidliche

Einschaltverzögerung in unmerklich kurzer Zeit überwunden wird. Haben wir stattdessen Stromkreise mit hohem elektrischem Widerstand, so wird dies anders.

Im atmosphärisch-elektrischen Geschehen haben wir es durchweg mit ungewöhnlich hochohmigen Stromkreisen zu tun* und müssen dementsprechend bei allen zeitlichen Veränderungen mit erheblichen Einschaltverzögerungen rechnen. Anders gesagt: Wir müssen bei luftelektrischen Einzelvorgängen stets fragen, ob wir dabei „stationäre Verhältnisse" vor uns haben oder ob wir uns noch im Breich des „Einschaltvorganges" befinden, also „nichtstationäre Verhältnisse" beobachten.

Da in der Atmosphäre die Leitfähigkeit mit der Höhe zunimmt, können wir die Atmosphäre als die „Verbraucherseite" im Sinne unserer Abb. 41 offenbar durch ein „Ersatzschaltbild" der folgenden Art darstellen (s. Abb. 61): Über jeder Flächeneinheit der Erdoberfläche müssen wir uns eine Kette von sog. „CR-Gliedern" (Schaltelementen, die aus einem Widerstand und einem parallel geschalteten Kondensator bestehen) aufgebaut denken. Die Widerstände nehmen nach oben ab — in der Abbildung durch Verkleinerung der Widerstandssymbole dargestellt — und können außerdem zeitlich ihren Wert ändern; die Kapazitäten sind zeitlich und räumlich als konstant anzusehen (in Abb. 61 sind 2 solche „Ketten" gezeichnet). — Wird an diese Ketten die Generatorspannung U angelegt, so stellt sich längs der Ketten eine solche Spannungsverteilung ein, daß in jedem ihrer Glieder der gleiche Strom fließt. Dieser stationäre Endzustand stellt sich mit einer bestimmten zeitlichen Verzögerung ein, die um so größer ist, je größer das Produkt $R \cdot C$ aus Widerstand R und Kapazität C des einzelnen Kettengliedes ist. Infolgedessen dauert es z. B. in Bodennähe 15—30 Minuten, bis der Stromkreis seine Endeinstellung erreicht, während dies für ein in 10 km Höhe gelegenes Teilstück etwa 10 mal rascher geschehen würde.

Es ist also zur Beurteilung des Einschaltvorganges wichtig, die „Reichweite" des betreffenden Generators zu kennen, d. h. festzustellen, welche Atmosphärenparteien von seinem Stromkreis erfaßt werden: Der Gewittergenerator erfaßt, wie im vorigen

* Eine Leitfähigkeit der atmosphärischen Luft von 10^{-4} el. stat. Einh. entspricht einem elektrischen Widerstand von 1 cm^3 Luft von $9 \cdot 10^{15}$ Ohm.

Kapitel dargestellt, die Gesamtatmosphäre. Die „Einstellzeit" des in Abb. 55 (s. S. 62) dargestellten Systems ist also durch die größte in einem Glied der Kette (Abb. 61) vorhandene Zeitkonstante — m. a. W. durch die bodennahe Atmosphäre — festgelegt und beträgt, wie gesagt, 15—30 Minuten. — Beim Austauschgenerator dagegen kommt es darauf an, ob derselbe über einem Grund in geringer oder in großer Höhe über dem Meeresniveau in Wirkung ist; im ersten Fall wird der Gleichgewichtszustand merklich langsamer erreicht als im zweiten Fall. Tritt in der Generatorwirkung oder in einem der Schaltelemente des Stromkreises eine Änderung ein, so folgt der Gesamtkreis in der geschilderten Weise mit entsprechender Verzögerung nach. Nur wenn die Veränderung so langsam erfolgt, daß der Gesamtkreis immer wieder Zeit hat, sich „einzuregulieren", kann praktisch die Einstellungsverzögerung vernachlässigt werden. Dies ist z. B. dann der Fall, wenn bei periodischen Änderungen die Schwankungsperiode *sehr* viel größer ist als die Einstellzeit. (Wir haben diese Erfahrung schon oben — S. 59 — stillschweigend benutzt, als wir die Weltzeit-Tagesperiode des luftelektrischen Feldes als Spiegelbild der erzeugenden Generatorwirkung ansahen).

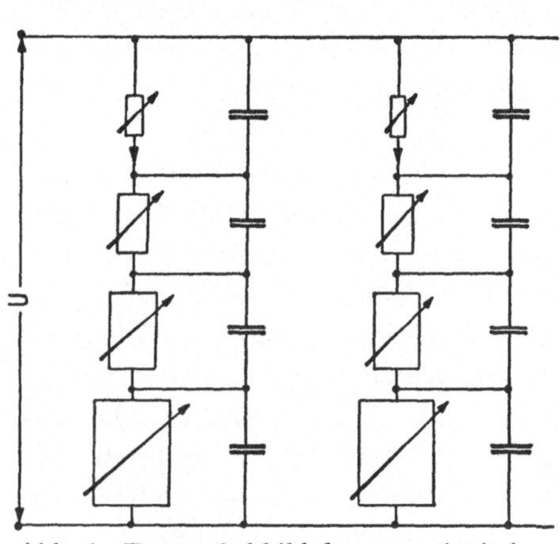

Abb. 61. Ersatzschaltbild des atmosphärischen Raumes (nach H. W. Kasemir)

b) Klimatologische und synoptische Arbeitsweise

Wenn wir versuchen, eine Analyse luftelektrischer Vorgänge praktisch durchzuführen, d. h. die Beobachtungserfahrungen über Felder und Ströme in der Atmosphäre ihren erzeugenden Ursachen und den ihren Ablauf steuernden Faktoren zuzuordnen, so stoßen wir auf eine Schwierigkeit: Die einzelnen Einflüsse pflegen außerordentlich eng miteinander verzahnt zu sein.

Wie wir im vorigen Kapitel sahen, kann die Austauschwirkung sowohl zur Erzeugerseite wie zur Verbraucherseite gehören, je nachdem, ob sie Raumladungen transportiert oder nur den Aerosolzustand verändert. — Beim Vorbeizug einer Regenböe oder eines Gewitters wechselt die Station in kurzem Zeitabstand vom Verbraucherbereich in den Generatorbereich und zurück. — Bei der Ableitung der mathematischen Formulierung für den Austauschgenerator schließlich mußten wir geradezu voraussetzen, daß erzeugender Konvektionsstrom und ausgleichender Leistungsstrom im gleichen Luftraum fließen.

Die Beispiele zeigen, daß wir uns hier offenbar in ähnlicher Lage befinden wie bei der Betrachtung der Wettererscheinungen: Auch bei diesem tritt uns eine große Zahl von Einzelereignissen entgegen, bei denen Ursachen und Wirkungen eng miteinander verzahnt — und häufig genug nicht sicher voneinander zu trennen sind.

Man muß angesichts einer solchen Situation versuchen, die übergeordneten gestaltenden Prinzipien des ganzen Geschehens aufzufinden — wie wir dies stillschweigend in der ganzen bisherigen Darstellung schon getan haben. — Zur Auffindung dieser Prinzipien konnten wir bisher vielfach auf die Laboratoriumserfahrungen der Physik zurückgreifen — so z. B. bei der Betrachtung der Luftionen —; auch aus der meteorologischen Erfahrung haben wir Nutzen gezogen — z. B. beim atmosphärischen Massenaustausch.

Wir wollen uns im weiteren bewußt noch enger an die Meteorologie anlehnen, uns insbesondere ihrer beiden charakteristischen Arbeitsmethoden bedienen, mit deren Hilfe sie die Vielheit der meteorologischen Erscheinungen zu analysieren und zu sichten vermag: *Bearbeitung und Betrachtung nach klimatologischen und nach synoptischen Gesichtspunkten.* Beide Methoden entspringen dem Bestreben, aus einem möglichst umfangreichen Beobachtungsmaterial die vermuteten oder gesuchten Zusammenhänge herauszukristallisieren. Ein großes Beobachtungsmaterial ist in jedem Fall schon deshalb erforderlich, um trotz der Variationsbreite der Einzelfälle das typische erkennen zu können.

Die *klimatologische Methode* geht in der Regel von Beobachtungsreihen aus, die sich über längere Zeiträume erstrecken. Diese werden nach den Gesetzen der Statistik verarbeitet und geben dann Auskunft über Mittelwerte einzelner Elemente, Häufigkeiten bestimmter Ereignisse, Kopplungen einzelner Elemente und Geschehnisse miteinander, Variationen — insbesondere solche periodischer Art — und anderes mehr. — Beispiele dafür haben wir schon mehrfach kennengelernt.

Die *synoptische Methode* setzt, wie schon ihr Name besagt, an Stelle der Materialhäufung in zeitlicher Richtung die räumliche Verbreiterung, indem sie das erschöpfend beschriebene Geschehen an mehreren Orten gleichzeitig verfolgt („Synopsis"-Zusammenschau), also gewissermaßen räumliche Augenblicksbilder ermittelt und aneinanderreiht.

Zur „erschöpfenden" Beschreibung eines luftelektrischen Zustandes oder Ablaufes sind erfahrungsgemäß Angaben über den Verlauf von *mindestens* 2 oder 3 luftelektrischen Hauptelementen Feld, Strom, Leitfähigkeit erforderlich*.

Da die erzeugenden Ursachen der atmosphärisch-elektrischen Vorgänge — unsere im vorigen Kapitel besprochenen Generatoren — z. T. weltweit wirken, z. T. nur örtlich eng begrenzte Wirksamkeit besitzen, müssen wir je nach der Aufgabenstellung großräumig-synoptisch oder kleinräumig-synoptisch denken und arbeiten. Wir werden für beides unten Beispiele betrachten.

c) Raumladungen in der Atmosphäre

Wir haben oben schon mehrfach vom Zusammenhang zwischen Feldverlauf und Raumladungen gesprochen und wollen dazu noch einiges ergänzen, was für die weitere Betrachtung wichtig ist.

In einem ionisierten Raum kommt es, wenn er unter der Einwirkung eines elektrischen Feldes steht, leicht zur Ausbildung von Raumladungen. Wesentliche Gründe dafür sind Leitfähigkeitsunterschiede und die sog. „Elektrodenwirkungen".

---

* Als Vorstufe zur synoptischen Arbeits- und Betrachtungsweise wird gelegentlich das Verfahren angewandt, die feldmäßige Verteilung von nur *einem* Element zu untersuchen. Man spricht dann von einem „Stromfeld", „Windfeld", „Potentialfeld" u. ä.

Leitfähigkeitsunterschiede: Wir denken uns aus unserem atmosphärischen Raum eine vertikale Säule von 1 cm² Querschnitt herausgeschnitten, die sich vom Boden bis zur luftelektrischen Ausgleichsschicht erstrecken soll. Wird an diese Säule eine Spannung angelegt, so entsteht dadurch in der Säule ein Feld, dessen Stärke im ersten Moment in allen Höhen gleich ist. Es beginnt alsbald ein Strom zu fließen.

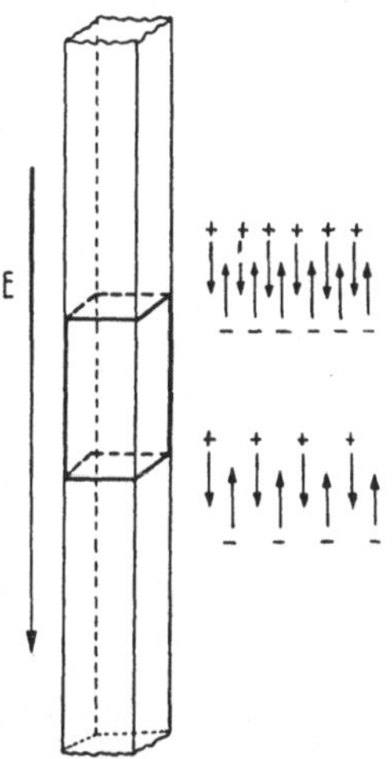

Abb. 62. Zum Verständnis der Raumladungsbildung in der Atmosphäre

Da die Leitfähigkeit mit der Höhe zunimmt, ist auch die Stromdichte in der Höhe größer als unten. Betrachte ich ein Teilstück meiner Säule (in der Abbildung dick umrandet), so wird dessen obere Begrenzung in der Zeiteinheit von mehr Ionen in beiden Richtungen durchsetzt als die untere. Die Frage ist, wie man sofort sieht, eine Raumladungsausbildung in dem betrachteten Teilstück. Im Fall der Abb. 62 hat diese positives Vorzeichen. Da die Kraftlinien eines Feldes von den positiven zu den negativen Ladungen verlaufen, so ist die unmittelbare Folge der Raumladungsbildung die, daß unser Teilstück in seiner unteren Begrenzungsfläche von mehr Kraftlinien durchsetzt wird als oben. Die Feldstärke nimmt also nach oben ab. Diese Umbildung schreitet solange fort, bis die Feldabnahme nach oben prozentual gleich ist der Leitfähigkeitszunahme; denn dann ist das Produkt $E \cdot \Lambda$ aus Feldstärke E und Leitfähigkeit Λ, das ja die Vertikalstromdichte angibt, in allen Höhen das gleiche, wie es im stationären Zustand sein muß. — Dieser „Einschaltvorgang“ hat also zwangsläufig Raumladungsbildung in der freien Atmosphäre zur Folge (vgl. die Gegenüberstellung der Abb. 13 u. 14 auf S. 12 u. 13).

Elektrodenwirkungen. Hier liegen, wie schon besprochen, die Dinge so, daß die einseitige Begrenzung des Ionenraumes eine Verarmung an den mit der Elektrode gleichnamigen Ionen, also eine Raumladungsbildung hervorruft. Die dadurch bewirkte Leitfähigkeitsänderung in Elektrodennähe führt dann zur Feldumbildung in der Weise, daß die Leitfähigkeitsabnahme durch Feldstärkenzunahme ausgeglichen wird.

Bei der Feldgestaltung in der freien Atmosphäre treffen wir auf Erscheinungen, die aus dem Zusammenwirken dieser beiden Möglichkeiten zu deuten sind:

Wir nehmen z. B. 2 Schichten verschiedener Leitfähigkeit übereinander an und denken uns wieder eine vertikale Säule von 1 cm^2 Querschnitt herausgeschnitten (vgl. Abb. 63).

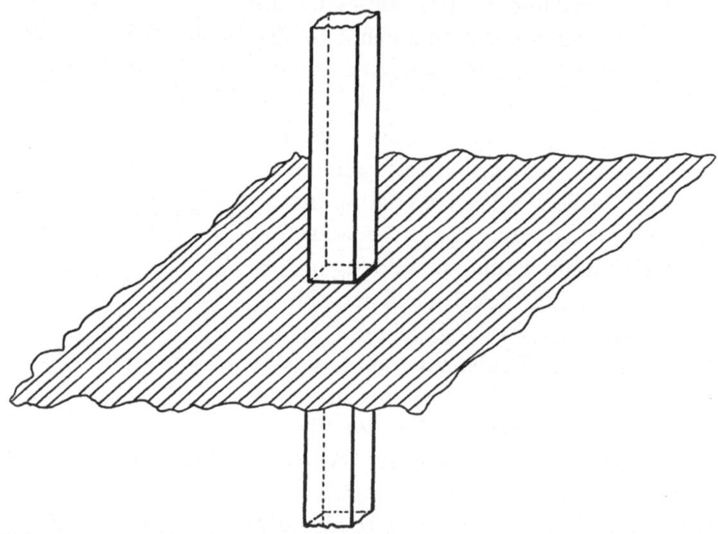

Abb. 63. Schemabild zum Verständnis der Raumladungsbildung an einer atmosphärischen Sperrschicht

Im oberen Gebiet sei die Leitfähigkeit größer als im unteren. Wird ein Feld wirksam, so muß sich dieses solange umgestalten, bis in beiden Räumen das Produkt $E \cdot \Lambda$ das gleiche ist. — Die Feldstärke erleidet jedoch an der Grenzfläche keinen Sprung. Vielmehr muß sich hier vollkommen analog zu dem oben skizzierten Vorgang beiderseits der Grenzfläche eine Verarmung an negativen Ionen, also eine positive Raumladung ausbilden. Als Endzustand kommt das in Abb. 64 schematisch dargestellte Verteilungsbild von Feldstärke und Raumladung zustande. — Ist umgekehrt die Leitfähigkeit im unteren Raum größer, so ergibt sich negative Raumladung und spiegelbildliches Verhalten des Feldes.

Erscheinungen dieser Art sind an jeder atmosphärischen Grenzfläche anzutreffen, mit der eine Leitfähigkeitsänderung verknüpft ist (Wolkengrenzen, Inversionen, Sperrschichten u. a.). Bildet sich z. B. in einer elektrisch ausgeglichenen Atmosphäre eine Nebel-, Wolken- oder Dunstschicht, so erfährt diese zwangsläufig an ihrer Oberseite eine positive und an ihrer Unterseite eine negative Aufladung*; außerdem bilden sich beiderseits in ihrer Nachbarschaft Raumladungen aus. Kommt Austauschwirkung hinzu, so können leicht Generatorwirkungen entstehen.

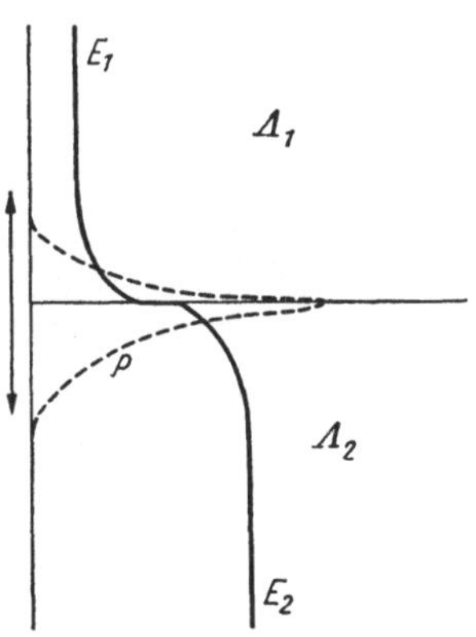

Abb. 64. Stationäre Feld- und Raumladungsverteilung an einer atmosphärischen Grenzschicht mit Leitfähigkeitssprung. E = Feld, P = Raumladung, Λ = Leitfähigkeit, Λ_1 Λ_2

2. Beispiele

Die Darstellung der letzten Seiten hat uns die inneren Zusammenhänge, die gestaltenden Prinzipien und die zweckmäßigste Art der Betrachtung und Behandlung des atmosphärisch-elektrischen Geschehens erkennen lassen. Trotzdem die große Zahl von Einzelfaktoren, die an der Gestaltung und dem Ablauf dieser Dinge beteiligt sind, eine verwirrende Fülle von Einzelbildern liefern, sind wir jetzt imstande, diese Einzelerfahrungen verhältnismäßig einfach typenmäßig zusammenzufassen und zu deuten.

Damit dürfen wir die Aufgabe, die wir uns gestellt haben, grundsätzlich als gelöst betrachten: Unsere Vorstellung steht mit der Erfahrung im Einklang, wie wir sahen, und beweist damit, daß sie zutreffend ist und liefert uns eine befriedigende Darstellung und Erklärung der ganzen Geschehnisse.

Wir wollen aber das Kapitel nicht abschließen, ohne dem Leser noch einige weitere ergänzende Beispiele für die Verzahnung der einzelnen Einflüsse und ihre Analyse zu geben.

---

* Diese schon seit Entdeckung der Luftionen bekannte Erscheinung der Ladungsbildung an Dunst- und Nebelgrenzen wird auch als „Ionenstau“ bezeichnet

a) Tagesgänge

Wie wir schon im vorigen Kapitel sahen, sind beim luftelektrischen Feld 3 verschiedene Typen von Tagesvariationen zu unterscheiden: Die beiden Festland-Typen der einfachen Schwingung (Abb. 65, rechts oben) und der Doppelschwingung (links oben) — beide nach Ortszeit verlaufend — sowie der ozeanische Typ der einfachen nach Weltzeit verlaufenden Schwingung über den Meeren und Polargebieten (Abb. 65, unten).

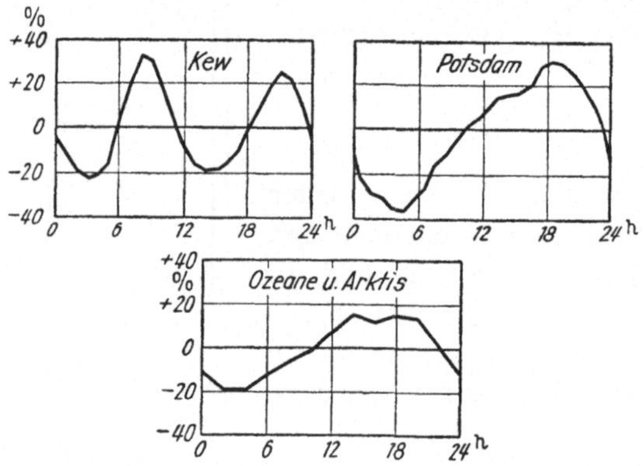

Abb. 65. Typische Tagesgänge des luftelektrischen Feldes über dem Festland (oben) und den Ozeanen (unten)

Die „Weltzeitkurve" führte uns zur Auffindung des Gewittergenerators und fand damit gleichzeitig ihre Erklärung. Zu einer Deutung der beiden Festland-Typen kommt man, wie schon früher angedeutet (vgl. S. 44 ff.), leicht auf folgende Weise:

Abb. 66 zeigt als Beispiel nochmal die mittleren monatlichen Tagesgänge des luftelektrischen Feldes in Potsdam (ausgezogene Kurven), denen zum Vergleich die entsprechenden Gänge des Wasserdampfgehaltes (Dampfdruckes) gegenübergestellt sind (gestrichelte Kurven). Beide Elemente zeigen im Winter einfache 24-Stunden-Schwingungen, die zum Sommer hin in Doppelschwingungen übergehen. Das gleiche Verhalten zeigen auch andere atmosphärische Elemente, wie z. B. der Gehalt der Luft an Kondensationskernen (vgl. die Abb. 34 u. 35 a. S. 44 u. 45). Der Grund für dies gleichartige Verhalten der verschiedenen Elemente liegt darin, daß sie in gleicher Weise vom atmosphärischen Vertikalaustausch und seinen Tagesvariationen beeinflußt werden: Wasserdampfgehalt wie Suspensionsgehalt der Luft werden durch Zufuhr von unten genährt und zwar beim Wasserdampfgehalt durch Verdunstung, beim Kerngehalt durch Nacherzeugung. Den Transport übernimmt der Austausch. Solange seine Wirkung eine gewisse Größe nicht überschreitet, hält die Nachlieferung mit dem Aufwärtstransport Schritt. Der Wasserdampf- und Kerngehalt steigen in

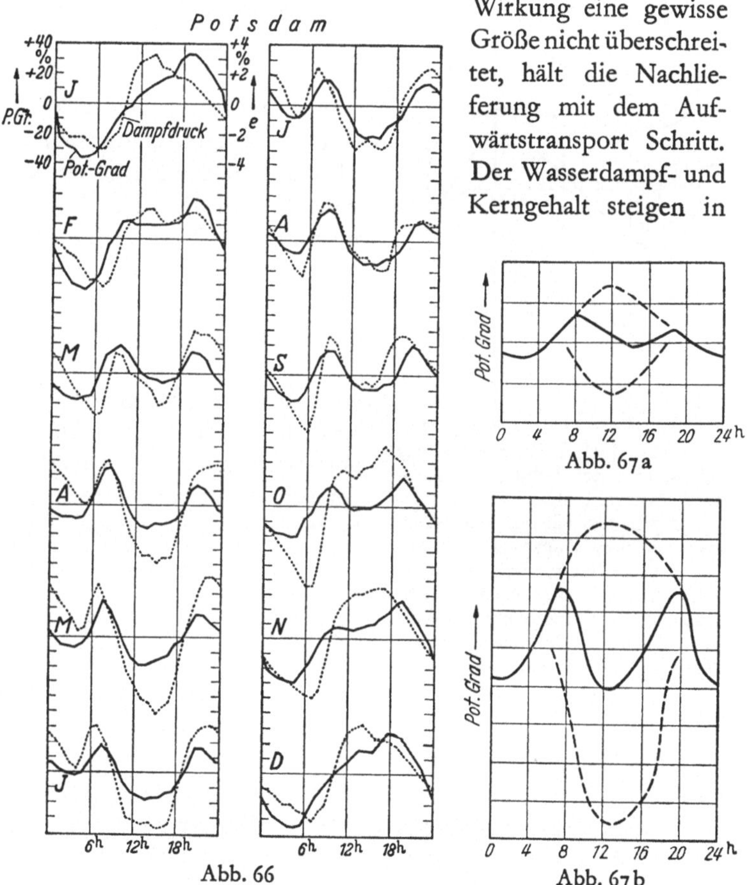

Abb. 66

Abb. 67a

Abb. 67b

Abb. 66. Tagesgänge des luftelektrischen Feldes und des Wasserdampfgehaltes (Dampfdruckes) in Potsdam für die einzelnen Monate des Jahres

Abb. 67. Die Entstehung einer Doppelschwingung aus der Überlagerung einer einfachen Schwingung mit einer „Depression“ um die Mittagszeit (nach J. G. Brown)

der bodennahen Luft [zunächst rasch (bei zunehmender Austauschwirkung am Vormittag), dann am Nachmittag bei wiederabnehmendem Austausch verlangsamt] an, bis er am Spätnachmittag einen Höchstwert erreicht. Von da an gewinnen dann offenbar die Prozesse die Oberhand, die das betreffende Element in der Luft zu vermindern suchen — Kondensation, Taubildung; Anwachsen der Kerne und Ausfall unter Schwerewirkung u. ä. — und bewirken im Laufe des späten Abends und der Nacht ein allmähliches Zurückgehen, bis sich am nächsten Morgen bei wiederzunehmendem Austausch das gleiche Spiel wiederholt. — Übersteigt nun der Aufwärtstransport durch Austausch die Nachlieferung von unten, wie es vom Winter zum Sommer hin um die Mittagszeit in zunehmendem Maße der Fall ist, so muß dies in der bodennahen Luft zu einer Abnahme des betreffenden Elementes führen.

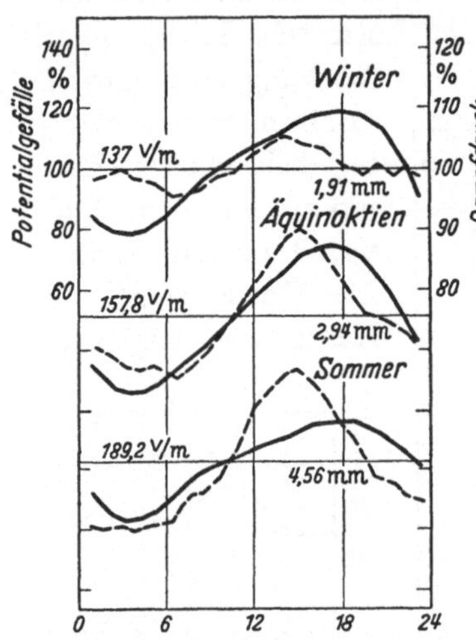

Abb. 68. Mittlere Tagesgänge des luftelektrischen Feldes (ausgezogene Kurven) und des Wasserdampfgehaltes (gestrichelte Kurven) auf der Zugspitze während des Winters (November bis Februar), während der Aequinoktien (März/April und September/Oktober) und während des Sommers (Mai bis August)

Auf diese Weise entstehen dann Kurven der in Abb. 67 dargestellten Art: Durch Überlagerung von Variationskurven, wie sie bei unbegrenzt möglicher Nachlieferung von unten anzunehmen wären (nach oben ergänzte Kurven der Abb. 67), mit einer durch die starke Austauschwirkung um die Mittagszeit bewirkten „Depression" entstehen doppelperiodische Kurven (ausgezogene Kurven der Abb. 67).

Damit ist auch für das Verhalten der Tagesgänge des luftelektrischen Feldes die Erklärung gegeben: Nach Gleichung (2.14) (s. S. 25) und Abb. 25 (s. S. 36) müssen das luftelektrische Feld und der Suspensionsgehalt der Luft gleichsinnige Veränderungen zeigen. — Für die schon oben erwähnte Beobachtung, daß die

Neigung zur Ausbildung der Doppelschwingung an Stationen mit hohem mittleren Kerngehalt stärker betont ist als an solchen mit geringem Kerngehalt (s. S. 56), hängt damit zusammen, daß sich die gleiche prozentuale Änderung des Kerngehaltes bei hohem Mittelwert desselben stärker widerstandsändernd auswirkt, als bei geringem, wie sich leicht aus Gleichung (3.3) (s. S. 35) herleiten läßt.

Die geschilderte Erscheinung der austauschbedingten Depression um die Mittagszeit verschwindet bei allen betroffenen Elementen rasch mit zunehmender Höhe. Abb. 68 zeigt als bestätigendes Beispiel die Tagesgänge des luftelektrischen Feldes und des Wasserdampfgehaltes während der einzelnen Jahreszeiten auf der Zugspitze. — Ebenso fehlt die Erscheinung natürlich über den Ozeanen und Polargebieten.

b) Die Trennung der einzelnen Generatorwirkungen; „Weltzeitanteil" und „Ortszeitanteil"

Da das luftelektrische Normalgeschehen im Bereich der Niederschläge eine völlige Veränderung erfährt, wie wir sahen, und damit seinen repräsentativen Charakter für den betreffenden Ort verliert, muß man Zeiten mit Niederschlag aus der allgemeinen Betrachtung ausschließen und für sich behandeln. Diese Abtrennung ist im allgemeinen leicht möglich, da sich das Wirken des Niederschlagsgenerators deutlich genug markiert.

Schwieriger ist es, im Meßmaterial der niederschlagsfreien Zeiten die einzelnen gestaltenden Faktoren voneinander zu trennen. (Die im vorigen Paragraphen beschriebene Analyse der Austauschwirkung war ein erster Schritt in dieser Richtung.) Vor allem gilt es, hier die weltweit wirkenden und die auf Stationen und ihre Umgebung beschränkten „örtlichen" Einflüsse gegeneinander abzugrenzen. Hier hilft man sich folgendermaßen:

Über See und über den Polargebieten zeigt der Austausch praktisch keine Tagesvariation. Wenn man in diesen Regionen Messungen anstellt und die Zeiten mit Niederschlag und evtl. anderen örtlichen Störeinflüssen (Nebel, Sturm u. ä.) ausscheidet, so erhält man aus ihnen ein Abbild der weltweit wirkenden Einflüsse. Da der Gewittergenerator, wie er aus der Summation aller gleichzeitig tätigen Gewitter entsteht, auf der *ganzen* Erde — also über den Festland-Gebieten ebenso wie über den Meeren! — eine Spannungsdifferenz zwischen Erdoberfläche und Hochatmosphäre aufrechterhält, so kann aus dem Vergleich der Tagesgänge des Feldes über dem nichtpolaren Festland und dem Ozean auf die an der Festlandstation wirksamen örtlichen Einflüsse geschlossen werden. Können streng gleichzeitige Messungen über Land und See durchgeführt werden, so ist die Analyse des Einzelfalles möglich. Liegen dagegen, wie es meist der Fall ist, *keine* gleichzeitigen Messungen vor, so können trotzdem noch die *mittleren* Gänge in beiden Gebieten zueinander in Beziehung gesetzt werden.

Bildet man für die einzelnen Tageszeiten das Verhältnis der Landwerte des luftelektrischen Feldes zu den (meist aus den Carnegiemessungen ermittelten) Weltzeitwerten, so schaltet man damit die vom Gewittergenerator herrührenden weltweiten Wirkungen aus und erhält den für die betreffende Station charakteristischen „Landgang" allein. — Für den Vertikalstrom gilt natürlich das gleiche.

Liegen gleichzeitige Beobachtungen für mindestens 2 der 3 luftelektrischen Hauptgrößen vor — z. B. Feld und Strom, Feld und Leitfähigkeit oder Strom und Leitfähigkeit — so ergibt der Vergleich zwischen Land und See weiter Aufschluß über den Tagesverlauf des atmosphärischen Widerstandes.

Wir wollen diese Dinge wegen ihrer Bedeutung für die Analyse in mathematischer Formulierung betrachten.

Hat der Gesamtwiderstand unserer in Abb. 62 dargestellten vertikalen Luftsäule zwischen Boden und Ausgleichsschicht den Wert R, so besteht zwischen diesem sog. „Säulenwiderstand" („columnar resistance") R, der Potentialdifferenz U zwischen Boden und Ausgleichsschicht und der Stromdichte i im stationären Zustand die Beziehung

$$i = U/R \tag{5.1}$$

Andererseits ist die an irgendeiner Stelle vorhandene luftelektrische Feldstärke, die als Potentialdifferenz zwischen zwei übereinander liegenden Punkten der Atmosphäre bestimmt ist („Potentialgradient", „Potentialgefälle") als Spannungsabfall längs eines Teilstückes der Widerstandssäule aufzufassen: Ist w der spezifische Widerstand der Luft an der betreffenden Stelle, so besteht also an einem an dieser Stelle gelegenen Teilstück unserer Säule von 1 cm Länge bei stationären Verhältnissen eine Spannungsdifferenz („Feldstärke") von

$$E = \frac{w}{R} \cdot U \tag{5.2}$$

Diese Gleichung zeigt die Verknüpfung der einzelnen Einflüsse: U wird durch den Gewittergenerator bestimmt; w ist der Reziprokwert der Leitfähigkeit und sowohl von Ort zu Ort als auch zeitlich verschieden (Austauschwirkung!); für R als Summe der längs der ganzen Säule vorhandenen spezifischen Widerstände gilt Ähnliches

Gleichung (5.2) enthält außer den der Messung zugänglichen Größen E und w die beiden Unbekannten U und R. Eine von ihnen — U — läßt sich durch den Vergleich von Land- und Seewerten wie folgt ausschalten:

w und R dürfen über See als tageszeitlich konstant gelten, da die Tagesvariation des Austausches hier praktisch fehlt. Bezeichnet man die Landwerte durch den Index L, die Ozeanwerte durch den Index O, so gelten für die Verhältniswerte H (griech. Eta) und I (griech. Jota) der Feld- und Stromwerte die Beziehungen:

$$H = \frac{E_L}{E_O} = \frac{w_L}{R_L} \cdot \frac{R_O}{w_O} = k \cdot \frac{w_L}{R_L} \tag{5.3}$$

$$I = \frac{i_L}{i_O} = \frac{R_O}{R_L} = K' \cdot \frac{1}{R_L}$$

K und K' sind Konstanten.

H und I sind jetzt vom weltweiten Wirken des Gewittergenerators unabhängig und spiegeln in ihrem Verhalten nur mehr die örtlichen Einflüsse wieder.

Abb. 69 gibt zwei Beispiele für die Analyse von Tagesgängen unter Anwendung dieser Beziehungen: Abb. 69 zeigt im linken Bild die mittleren täglichen

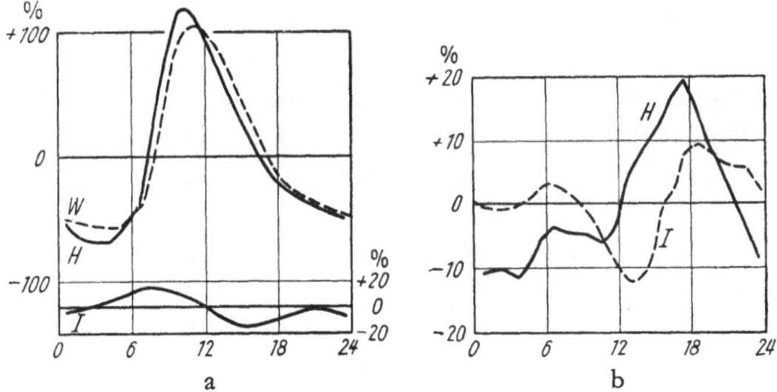

Abb. 69. Beispiele für die Analyse luftelektrischer Tagesvariationen. Links: w, H und I während der Sommermonate in Huancayo/Peru. Rechts: H und I während des Herbstes an der Station Jungfraujoch

Variationen von w, H und I während der Sommermonate in der 3350 m hoch gelegenen Station Huancayo in den peruanischen Anden. Die große Variation des örtlichen Anteils im luftelektrischen Feld wird offensichtlich durch eine entsprechende Variation der Leitfähigkeit in Bodennähe hervorgerufen. Die Schicht kann nur eine geringe Mächtigkeit besitzen, da I nur schwache Reaktion zeigt. — Im rechten Teilbild sind als Gegenbeispiel die mittleren Gänge von H und I an der 3472 m hoch gelegenen Station Jungfraujoch (Berner Oberland) zur Darstellung gebracht. Da im Verlauf der beiden Elemente eine wesentlich stärkere Ähnlichkeit besteht als im Fall Huancayo, dürfte die Variation des örtlichen Feldanteils hier in sehr viel stärkerem Maße von einer solchen des Säulenwiderstandes herrühren, also durch Änderungen in einer sehr viel mächtigeren Atmosphärenschicht bedingt sein.

c) Beispiele zur luftelektrischen Synopsis

Der sogenannte „Breiteneffekt". Als Beispiel für die großräumige Betrachtung *eines* Elementes — und die daraus abzuleitenden Schlußfolgerungen betrachten wir den sog. „Breiteneffekt" des luftelektrischen Feldes.

Die Messungen der Carnegie-Institution auf den Weltmeeren zeigen — nach der geographischen Breite zusammengefaßt — den in Abb. 70 dargestellten Verlauf.

Die Deutung für diese Erscheinung ergibt sich leicht in folgender Weise:

Wie wir sagen, hängt die Feldstärke an irgendeiner Stelle der Atmosphäre unter sonst gleichen Umständen von der Leitfähigkeit ab, die an der betreffenden Stelle herrscht. Diese Leitfähigkeit ist eine Funktion der Ionisierungsstärke in den bodennahen Schichten. Diese Ionisierung wird in der Hauptsache getragen von radioaktiven Strahlungen und von der kosmischen Ultrastrahlung. In höheren Schichten übernimmt die kosmische Ultrastrahlung allein die Ionisierung; die ionisierende Wirkung des ganz kurzwelligen Sonnen-Ultravioletts kommt erst in der Höhe der Ionosphäre von etwa 100 km Höhe an hinzu und interessiert nach unseren früheren Überlegungen hier nicht mehr.

Die kosmische Ultrastrahlung, die — aus dem Weltraum kommend — auf die Erde einfällt, unterliegt in ihrem Verlauf in der Atmosphäre bis zu einem gewissen Grad einer Wirkung des erdmagnetischen Feldes. Der Endeffekt dessen ist der, daß vom Pol bis zu etwa 60° Breite herunter die kosmische Ultrastrahlung nicht wesentlich variiert, dann aber zum Äquator hin in systematischer Weise zurückgeht. Abb. 71 gibt einige in verschiedenen Breiten gewonnene Messungen dieser kosmischen Ultrastrahlung wieder und zeigt deutlich die Breitenabhängigkeit.

Rechnet man nun nach diesem Breiteneffekt der Ultrastrahlung die Leitfähigkeit für verschiedene Höhen und verschiedene geographische Breite aus, bestimmt daraus den „Säulenwiderstand" (Widerstand einer Luftsäule von 1 cm^2 Querschnitt und Atmosphärenhöhe) und ermittelt danach die Potentialgefällewerte für verschiedene Breiten, so folgen, wenn für die geographische Breite Null ein Wert von 120 V/m angenommen wird, die in Abb. 70 als ausgefüllte Kreise gezeichnete Werte. *Der Breiteneffekt des luftelektrischen Feldes über See ist also als mittelbare Wirkung des erdmagnetischen Feldes zu verstehen* — über Land ist ein entsprechender Breiteneffekt nicht bekannt, er muß hier natürlich

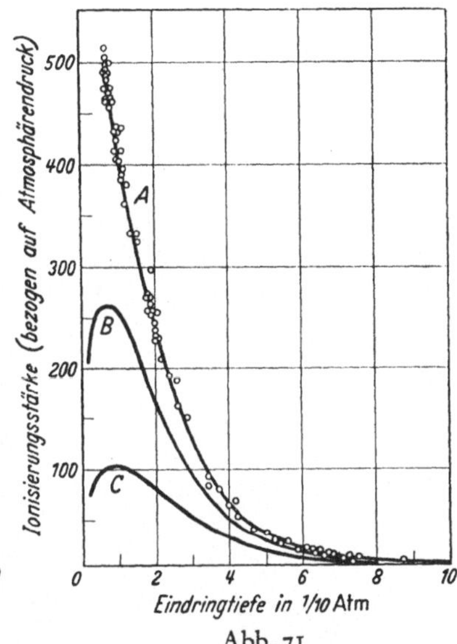

Abb. 70

Abb. 71

Abb. 70. Der Breiteneffekt des atmosphärischen Potentialgefälles über See. Punkte: Berechnete Werte s. Text. Kreise: Mittelwerte der Carnegie-Messungen

Abb. 71. Ionisierungsstärke der kosmischen Ultrastrahlung in Abhängigkeit von der Höhe und der geographischen Breite. Abszisse: Eindringtiefe in die Atmosphäre: 0 = äußere Atmosphärengrenze; 10 = Erdboden. Ordinate: Ionisierungsstärke, umgerechnet auf sog. „Normalbedingungen" (0° C.; 760 mm Druck). Kurve A: 53° nördl. geomagn. Breite; Kurve B: 38,5° nördl. geomagn. Breite; Kurve C: 3° nördl. geomagn. Breite.

ebenso vorhanden sein, dürfte aber durch andere, stärker ins Gewicht fallende Verschiedenheiten überdeckt sein und deshalb nicht in Erscheinung treten.

Großräumige Synopsis. Abb. 72 zeigt ein Beispiel für die Trennung örtlicher und weltweiter Einflüsse auf Grund großräumigen luftelektrisch-synoptischen Arbeitens. Nach gleichzeitigen Messungen des luftelektrischen Feldes und der Leitfähigkeit auf 2 Bergen in Californien und einem dritten auf Hawaii

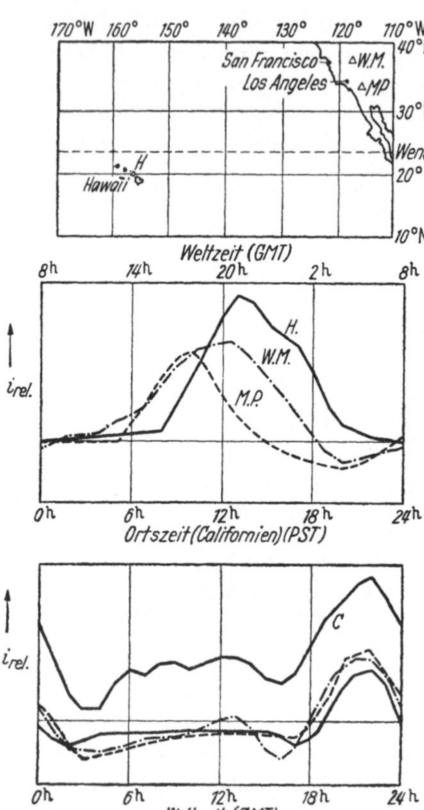

Abb. 72. Ergebnisse gleichzeitiger Feld- und Leitfähigkeitsmessungen auf 3 Bergen in Californien bzw. Hawaii (nach R. HOLZER). Oben: Lage der Stationen. Mitte: Mittlere tägliche Gänge des (berechneten) Vertikalstroms an den drei Stationen im Sommer. Die Zeit ist nach Pazifikzeit (unten) bzw. Weltzeit (oben) angegeben. Unten: Die gleichen Gänge nach Abtrennung des örtlichen Anteils. Zum Vergleich ist darüber die entsprechende Kurve nach Carnegie-Messungen auf See eingezeichnet (obere Kurve). Die Zeit ist nach Weltzeit (Grennwich-Zeit) angegeben. *WM* = White Mountain, *MP* = Mt. Palomar, *H* = Haleakala

(s. Abb. 72 oben) ergeben sich an klaren Tagen im Sommer 1954 die im mittleren Teilbild der Abb. 72 dargestellten Tagesgänge des vertikalen Leitungsstromes: während der Nacht verlaufen alle 3 Kurven gleichartig und nahezu ohne Variation. Mit Sonnenaufgang setzt dann der Effekt der Erhöhung von Feld und Strom ein, den wir schon aus Abb. 45 (s. S. 54) kennen. In Abb. 72 ist nur der aus Feld- und Leitfähigkeitsmessungen berechnete Stromverlauf wiedergegeben.

Da der Sonnenaufgang auf Hawaii fast 3 Stunden später erfolgt als in Californien (40° Längendifferenz), setzt hier die Wirkung mit entsprechender zeitlicher Verschiebung ein. Im weiteren Tagesverlauf der Kurven kommen Unterschiede der 3 Stationen zur Geltung, die auf Unterschiede im Austausch-Tagesverlauf hindeuten, wie sie der verschiedenen Klima- und Höhenlage entsprechend anzunehmen sind. Daß während der Tagesstunden der Kurvenverlauf entscheidend von der Austauschwirkung abhängt, zeigt die Tatsache, daß bei Anwendung einer aus diesem Austauschgeschehen hergeleiteten und für alle 3 Stationen gleichartig angesetzten Korrektur alle 3 Kurven zur Übereinstimmung zu bringen sind (s. Abb. 72 unten*).

Die so erhaltenen Kurvenzüge sind, wie die Abb. 72 weiter zeigt, jetzt in Übereinstimmung mit den auf hoher See gemessenen Tagesgängen des Stromes.

VI. Die Erscheinungen des Gewitters

Das luftelektrische Geschehen steht, wie wir gesehen haben, in seinem ganzen Verhalten in engem Zusammenhang mit der Gewittertätigkeit. Diese enge Verknüpfung verlangt nach einer etwas eingehenderen Betrachtung der mit der Entstehung, dem Ablauf und den Folgen eines Gewitters verbundenen elektrischen Erscheinungen, denen wir uns nun zuwenden wollen.

Das Gewitter ist die einzige Naturerscheinung, bei der das Wirken elektrischer Kräfte in der Atmosphäre sinnfällig hervortritt. Es ist deshalb verständlich, daß diese besonders eindrucksvolle Phase der Wetterentwicklung von jeher den der naturwissenschaftlichen Forschung aufgeschlossenen Betrachter zur näheren Untersuchung gereizt hat. Mitte des 18. Jahrhunderts gelingt der Beweis, daß Blitz und Funke die gleiche Erscheinung darstellen. Damit ist der 1. Schritt zur luftelektrischen Forschung überhaupt getan, denn bald erkannte man, daß die Gewitterelektrizität keineswegs die einzige elektrische Erscheinung in der Atmosphäre ist, daß dort vielmehr stets und überall ein elektrisches Feld und elektrische Strömungen bestehen, die nur im

* Nach R. Holzer läßt sich der von örtlichen Faktoren (Austausch-Generator!) herrührende Anteil eliminieren durch die Korrektion

$$i_{corr} = i_{obs} \frac{1 + B\left(\frac{\lambda^0}{\lambda} - 1\right)}{1 + A \sin \frac{2\pi t}{T}}$$

Es bedeuten: λ^0 = maximale Leitfähigkeit bei Nacht, λ = Leitfähigkeit z. Zt. t nach Sonnenaufgang, T = doppelte Länge der Zeit zwischen Sonnenaufgang und Sonnenuntergang, A, B = Konstanten, die aus dem Tagesgang an der betreffenden Station bestimmt werden. Ihr Wert liegt etwa zwischen 0,5 und 1.

Gewittervorgang außergewöhnliche Ausmaße annehmen. Die Erforschung dieser „Schönwetterelektrizität“ nimmt mit den grundlegenden Arbeiten der beiden Braunschweiger Oberlehrer J. Elster und H. Geitel um 1900 raschen Aufschwung und läßt die gesamte moderne Luftelektrizität erstehen. Im Zuge dieser Entwicklung wird dann die grundsätzliche Bedeutung des Gewittergeschehens für den ganzen atmosphärischen Elektrizitätshaushalt erkannt und damit der Ring geschlossen: Es zeigt sich, daß das *Gewitter nicht nur der eindrucksvollste sondern auch der wichtigste Teil der Luftelektrizität* ist.

Wir wollen im folgenden aus dem Gesamtbereich der Gewitterforschung die wesentlichsten Teilfragen zur Betrachtung herausgreifen.

1. Die Ladungsbildung

Um zum Verständnis der elektrischen Vorgänge im Gewitter zu kommen, knüpfen wir zweckmäßig an die meteorologischen Beobachtungserfahrungen an und fragen nach den typischen Vorbedingungen bzw. Begleiterscheinungen eines Gewitters.

Das Gewitter ist ein Teilstück der großen atmosphärischen Wärmekraftmaschine des Wettergeschehens, aus dem es sich als letzte Steigerung entwickelt. Vorbedingung für die Bildung der mächtigen hoch aufgetürmten Gewitterwolken („Quellwolken“) ist eine rasch verlaufende Aufwärtsbewegung feuchter Luft. Ob diese Hebung durch sommerliche Überhitzung der bodennahen Atmosphäre oder durch das Anströmen eines orographischen (Gebirge) oder meteorologischen Hindernisses (Kaltluftberg) zustande kommt, ist dabei im Endeffekt ohne Belang.

Weiter lehrt die Erfahrung, daß zwar jede Wolken- und Niederschlagsbildung von einer gewissen Elektrisierung begleitet ist, daß aber zu der Ladungstrennung großen Stils, wie sie im Gewitter herrscht, 2 wesentliche Bedingungen erfüllt sein müssen:

1. Es muß Wasser in flüssiger und fester Form nebeneinander vorhanden sein.

2. Es muß in den Wolken Niederschlag fallen.

Da beide Bedingungen meteorologisch miteinander gekoppelt sind — die Bildung von großtropfigem Niederschlag hat im allgemeinen den Weg des Wassers über die Eisphase zur Voraussetzung, ist also die Generatorwirkung des Gewitters ursächlich mit der Bildung und vor allem dem Fallen von Niederschlag verknüpft.

Einen besonders eindrucksvollen Beweis dafür liefert die Abb. 73, die die Entwicklung des luftelektrischen Gewitterfeldes am Boden in Verbindung zur Niederschlagsbildung bringt. Nachdem die Gewitterwolke Radar-Reflektionen bei 3 mm Wellenlänge liefert und damit das Vorhandensein von größeren Niederschlagsteilchen in den Wolken angezeigt wird, bildet sich das luftelektrische Feld rasch von seinem Normalwert unter Vorzeichenumkehr in das Gewitterfeld um. Die 1. Blitzentladung tritt etwa 6—10 Minuten nach dem Einsetzen der Radar-Reflektionen ein.

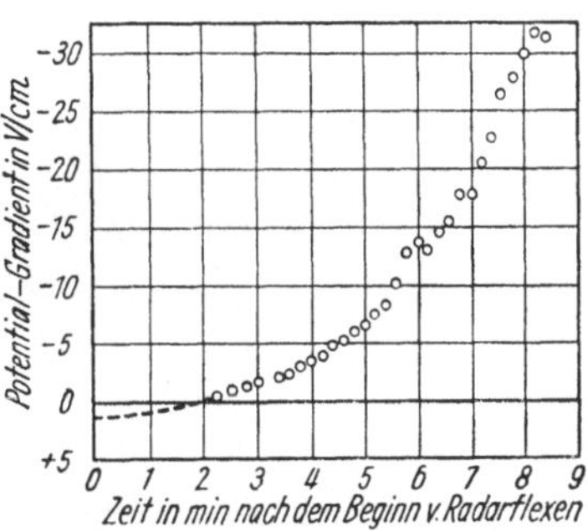

Abb. 73. Die Ausbildung des luftelektrischen Gewitterfeldes am Boden nach dem Beginn von Radar-Reflexionen bei 3 mm Wellenlänge in den Wolken (nach S. E. Reynolds)

Betrachten wir nun den Ladungsaufbau in einer Gewitterwolke, so ergibt sich für diesen stets das gleiche schon oben in Abb. 56 schematisch dargestellte Bild:

Die Gewitterwolke enthält 2 große Raumladungsgebiete, ein Gebiet positiver Ladungen in ihrem oberen und ein solches negativer Ladungen in ihrem unteren Teil. Im letzteren ist meist noch ein kleiner Einschluß positiver Ladung in der Nähe der Wolkenbasis anzutreffen.

In der Abb. 56 sind auch die Temperaturen eingetragen, die man im allgemeinen in den verschiedenen Partien eines Gewitters antrifft. Weil danach die obere positive Raumladung ausschließlich, die untere negative Ladung größtenteils in Temperaturbereichen unter dem Gefrierpunkt liegen und die Grenze zwischen beiden Vorzeichen etwa mit der — 10° — Isotherme zusammenfällt, ist zu erwarten, daß der wirksame Vorgang der Ladungsbildung im Gewitter in Wolkenbereichen abläuft, in denen Eisteilchen bzw. Eis- und Wasserteilchen nebeneinander vorhanden sind.

Dieser Befund stellt uns vor die beiden Fragen nach der Arbeitsweise des Gewittergenerators und nach seiner stets zur gleichen Polung führenden Steuerung.

a) Prozesse der Ladungstrennung

Versucht man, den im Gewitter wirksamen Grundprozeß der Elektrisierung festzustellen, so zeigt sich, daß eine ganze Reihe von Grundprozessen denkbar ist, die die elektrischen Gewitterwirkungen tragen können, ohne daß man zugunsten des einen oder anderen eine klare Entscheidung treffen kann. Das Nebeneinander von Wasser- und Eisteilchen in den Wolken läßt zahlreiche Möglichkeiten der Wechselwirkung zwischen ihnen zu, die ladungsbildend bzw. ladungstrennend sein können:

Wir haben — um nur einige Beispiele zu nennen — an folgende Möglichkeiten zu denken.

1. Relativbewegung der Teilchen gegeneinander;

2. Begegnung von verschiedenartigen Niederschlagsteilchen; dabei sind Influenzeffekte und Ladungsaustausch zwischen den Teilchen möglich;

3. Berührung von gleichartigen Niederschlagsteilchen verschiedener Größe; auch hierbei sind ladungsbildende Effekte möglich.

4. Zerfallen von Teilchen.

5. Absplittern oder Zerstäuben.

6. Volta-Effekte zwischen Teilchen gleicher oder verschiedener Phase u. a. m.

Es gibt kaum einen der hier genannten oder denkbaren Effekte, der nicht ausführlich diskutiert und als Grundlage für eine Gewittertheorie benutzt worden wäre. So geben z. B. Effekte der unter 1 und 3 genannten Art die Grundlage für die sog. „Influenztheorie“ des Gewitters von C. T. R. Wilson und ihre Erweiterung durch E. Wall. Wir haben oben im „Asymmetrie-Effekt“ schon eine viel diskutierte Möglichkeit dieser Art kennengelernt. Die „Wasserfalltheorie“ des Gewitters fußt auf Vorgängen des Tropfenzerfalles. Findeisen nimmt Grundeffekte der oben unter Nr. 5 und 6 erwähnten Art an usw.

Man hat sich jahrzehntelang bemüht und bemüht sich auch heute noch, den im Gewitter tatsächlich entscheidenden Grundvorgang festzustellen, ohne jedoch schon zu einer endgültigen

Klärung gekommen zu sein. Man ist geneigt, anzunehmen, daß die Frage als solche nicht richtig gestellt ist. Es mag zwar verführerisch sein, in dem Streben nach Vereinfachung nur einen Grundeffekt für möglich zu halten und anzunehmen, daß in jedem Gewitter und in allen Teilen eines solchen stets der gleiche Elektrisierungsprozeß wirkt. Man muß jedoch bedenken, daß das Gewitter kein Laboratoriumsexperiment sondern ein Naturgeschehen ist und daß die Natur im allgemeinen mit vielgestaltigen Möglichkeiten arbeitet. Es ist durchaus möglich, ja wahrscheinlich, daß in einem so riesenhaften Gebilde wie dem Gewitter, neben- und übereinander mehrere verschiedene Mechanismen der Elektrizitätsproduktion gleichzeitig wirksam sein können und daß je nach den Begleitumständen von Fall zu Fall der eine oder der andere die vorherrschende Rolle übernehmen kann. Wir befinden uns in der eigenartigen Situation, eine Frage nicht befriedigend beantworten zu können, nicht weil wir zu wenig, sondern weil wir zuviel darüber wissen.

Wir wollen deshalb die einzelnen Versuche zur Erklärung der Gewitterelektrisierung aus einem Grundprozeß heraus und ihr Für und Wider hier nicht diskutieren, sondern uns auf die Feststellung beschränken, daß mehrere Möglichkeiten zur qualitativen und quantitativen Erklärung des Gewitters gegeben sind.

b) Die Steuerung der Gewittermaschine

Da nach allen bisherigen Erfahrungen der Gewitteraufbau stets so geartet ist, daß die oberen Wolkenpartien positiv, die unteren — außerhalb des Aufwindschlauches negativ geladen sind, muß im ganzen Geschehen ein entsprechend gearteter Steuermechanismus vermutet werden.

Die Frage, um die es hier geht, ist die, ob der Steuerungsmechanismus eine Begleiterscheinung des Elektrisierungsprozesses ist oder ob es sich um eine zusätzliche Wirkung von außen handelt. In einer in der Technik üblichen Ausdrucksweise wäre im ersteren Fall die Elektrisierung eine mit Eigenpolung arbeitende Maschine; im zweiten Fall würde man von einer „Maschine mit Fremdpolung“ sprechen. So ist z. B. die *Simpsonsche* Wasserfall-Elektrisierung des Gewitters — Zersprühen der fallenden Tropfen im Aufwind und Trennung der kleinen (negativen) und großen (positiven)

Tropfentrümmer — ein typisches Beispiel für eine eigengepolte Maschine, wogegen die WILSONsche Vorstellung — Influenzierung der fallenden Tropfen und Ladungsaustausch beim Berühren anderer ein Beispiel der fremdgepolten Maschine bietet.

Die Diskussion über diese Frage ist noch in vollem Gang. Für beide Möglichkeiten — Eigenpolung wie Fremdpolung — lassen sich Argumente beibringen. Indeß scheint die größere Wahrscheinlichkeit für einen Zusatzeffekt — also eine Fremdpolung der Gewittermaschine — zu sprechen. Die steuernde Wirkung kann dabei im natürlichen luftelektrischen Feld (WILSON), in der Eigenschaft des Eises, Dipole zu bilden und durch unsymmetrisches Wachstum in bevorzugter Lage zu fallen (WALL), oder in anderen Eigenschaften des Wassermoleküls vermutet werden.

Wir müssen uns auf die Feststellung beschränken, daß nach den vorliegenden Erfahrungen auch die „Zwangssteuerung" letzten Endes im Nebeneinander von Wasser und Eis in der Gewitterwolke ihren Grund hat — mag dabei die elektrische Polarität der Eiskristalle, das Auftreten von Potentialdifferenzen zwischen festen und flüssigen Niederschlagsteilchen, Kontaktspannung zwischen fester und flüssiger Phase extrem verdünnter Salzlösungen oder ein ähnlicher Effekt die Hauptrolle spielen.

Fassen wir zusammen: Die Gewitterelektrizität wird durch eine Elektrisierungsmaschine großen Formates geliefert, die mit beginnender Eis- und Niederschlagsbildung in den aufquellenden Wolken „anläuft". Arbeitende Substanz dieser Elektrisiermaschine ist der Niederschlag; der Antrieb der Maschine erfolgt durch die Schwerkraft; Energielieferant ist letzten Endes die Sonne; der Wirkungsmechanismus resultiert aus dem Nebeneinander verschieden großer und verschieden rasch fallender Wasser- und Eisteilchen und läßt verschiedene Möglichkeiten zu. Die Polung der Maschine kann entweder als Begleiterscheinung in der Art ihrer Wirkung enthalten sein oder — wahrscheinlicher — durch einen zusätzlichen, ebenfalls mit der Eisbildung in den Wolken in Verbindung stehenden Vorgang festgelegt werden.

c) Energieumsatz im Gewitter

Zum Abschluß dieses Abschnittes wollen wir noch kurz die Frage betrachten, welche Energiebeträge im Gewitter umgesetzt werden. Man kann einen Anhalt darüber etwa folgendermaßen gewinnen:

Um die „Leistung" der Gewittermaschine — d. h. ihren Energieumsatz pro Zeiteinheit — abzuschätzen, knüpfen wir an die Abb. 55 an:

Wir messen in Gewitterferne im Mittel einen Vertikalstrom von $3 \cdot 10^{-16}$ Amp/cm² positiven Elektrizitätszuflusses zur Erde. Dieser wird durch die Gewitterwirkung gedeckt. Auf die ganze Erde umgerechnet, bedeutet dies — wie schon oben auf S. 63 erwähnt — einen Gesamtstrom von rund 1600 Amp. Da die Gesamtzahl der auf der Erde jeweils gleichzeitig tätigen Gewitter auf etwa 2000 zu schätzen ist, muß also jedes derselben im Mittel 0,8 Amp. zum Gesamtstrom beitragen.

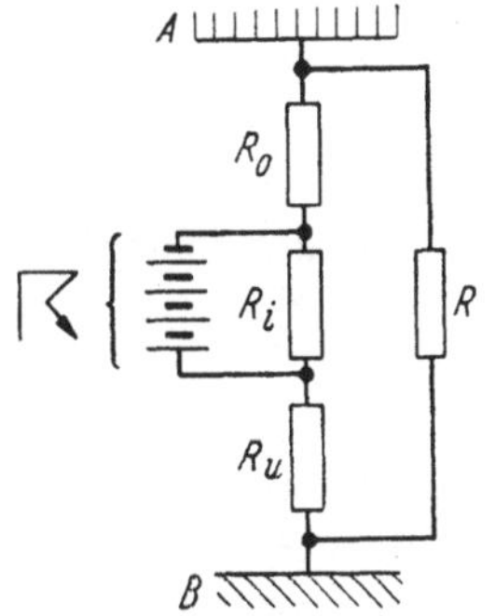

Abb. 74. Schematisches Ersatzschaltbild eines Gewitters

Direkte Messungen der Stromausbeute eines Gewitters haben Werte zwischen 0,1 und 6 Amp. je Gewitter ergeben (G. R. Wait) bei einem Mittel von 0,8 Amp. Eine Aufgliederung auf die 3 Anteile des Niederschlags-, Blitz- und Vertikalstromes erübrigt sich, da die Messungen im Flugzeug *über* den Gewitterwolken gewonnen wurden.

Um eine Abschätzung zu gewinnen, betrachten wir den Stromkreis, den ein einzelnes Gewitter in der Atmosphäre erzeugen und unterhalten würde. Wir legen dazu das „Ersatzschaltbild" der Abb. 74 zugrunde, das im Anschluß an Abb. 55 ohne weiteres verständlich ist. Die beiden Raumladungsgebiete im Gewitter werden als die „Pole" der Maschine angesehen, zwischen denen eine Spannungsdifferenz bestimmter Größe aufrechterhalten wird. Der obere „Pol" ist über den Widerstand R_0 mit der „luftelektrischen Ausgleichsschicht" *A* in etwa 65—70 km Höhe verbunden; der untere „Pol" liegt über den Widerstand R_u an Erde, während die beiden „Pole" über den Widerstand R_i miteinander verbunden sind. Ausgleichsschicht und Erdboden sind über *R* (den Widerstand der gesamten gewitterfreien Atmosphäre) miteinander verbunden zu denken.

Die „Leistung“ einer solchen Maschine ergibt sich dann in bekannter Weise entweder aus dem Produkt von Strom und Spannung oder aus dem Produkt von Widerstand und Quadrat des Stromes.

Die Widerstandswerte R_u, R_i, R_0 und R der Abb. 74 lassen sich bei bestimmten plausiblen Annahmen über die Ausdehnung eines Gewitters aus der mittleren elektrischen Leitfähigkeit der Atmosphäre in verschiedenen Höhen herleiten. Man findet für sie etwa folgende Größen:

$$R_u + R_i + R_0 = \text{ca. } 15 \cdot 10^8 \text{ Ohm}$$
$$R = \text{ca. } 145 \text{ Ohm.}$$

Daraus folgt für die mittlere elektrische Gesamtleistung eines Gewitters ein Betrag von

$$\text{ca. } 10^6 \text{ kW.}$$

Rechnet man mit einer mittleren Dauer eines einzelnen Gewitters von einer Stunde, so folgt für den elektrischen Energieumsatz im Gewitter ein Betrag von

$$\text{ca. } 10^6 \text{ Kilowattstunden.}$$

Eine Abschätzung der *gesamten* in einem Gewitter zum Umsatz gelangenden Energie zeigt, daß dabei die elektrische Energie nur einen kleinen Bruchteil (weniger als 1 %) des thermodynamischen Gesamtenergieumsatzes darstellt (R. R. Braham jr.).

2. Der Blitz

Überschreitet die Ladungstrennung in den Wolken ein gewisses Maß, so kommt es zum „elektrischen Durchbruch“ in Gestalt des Blitzes. Dieser Entladungsvorgang stellt einen in gigantische Dimensionen vergrößerten Funkenüberschlag dar.

Die Laboratoriumsarbeit lehrt, daß ein Funkendurchschlag zwischen ebenen bzw. großflächigen Elektroden eine Feldstärke von 30000 V/cm zwischen den Elektroden zur Voraussetzung hat. Auf die Dimensionen des Blitzes übertragen würde das bedeuten, daß z. B. für einen 3 km langen Blitz eine auslösende Spannungsdifferenz von 9 Milliarden Volt vorhanden sein müßte. In Wirklichkeit erfolgt aber, wie die Erfahrung zeigt, die Auslösung eines

Blitzes schon bei *sehr* viel kleineren Spannungen; außerdem ist es nicht erforderlich, daß die Auslösespannung im ganzen zu durchschlagenden Raum herrscht. Der Blitz ähnelt deshalb mehr der aus dem Laboratorium bekannten Erscheinung der „Gleitentladung" als dem freien Überschlag: Ist die zur Auslösung einer solchen Erscheinung erforderliche Spannung, die größenordnungsmäßig zu etwa 2000—3000 V/cm anzunehmen ist, an einer Stelle in den Wolken erreicht, so setzt hier die Bildung eines Entladungskanals ein. Es ist wahrscheinlich, daß dieser Initialvorgang an flüssigen

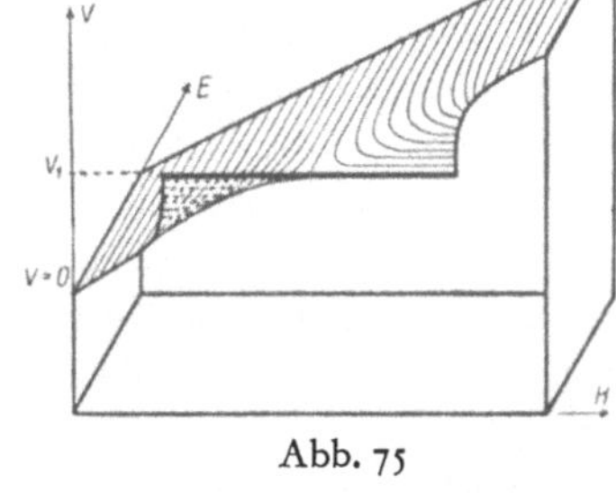

Abb. 75

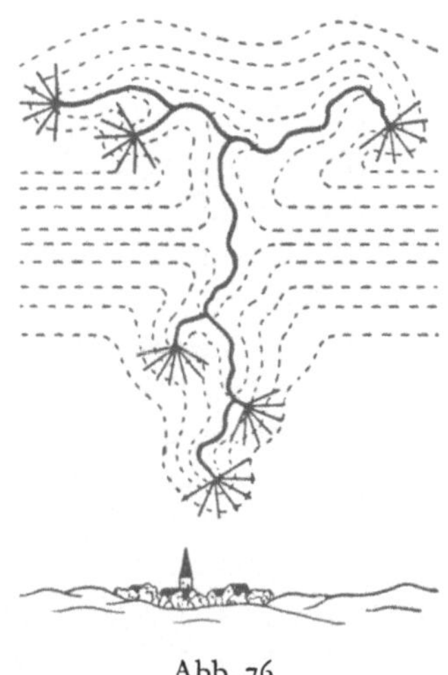

Abb. 76

Abb. 75. Störung eines elektrischen Feldes (als Potentialrelief gezeichnet) durch einen Leiter nach H. W. Kasemir

Abb. 76. Schematische Darstellung zur Kanalentwicklung eines Blitzes nach M. Toepler

Wolken- bzw. Niederschlagsteilchen, die im Feld zu länglichen Gebilden deformiert werden, oder an Spitzen und Kanten fester Niederschlagsteilchen ansetzt. Ist diese Kanalbildung einmal eingeleitet, so wächst der Kanal rasch nach beiden Seiten weiter. Da im leitenden Kanal kein merklicher Potentialabfall mehr bestehen kann, drängt sich der Potentialabfall an seinen Enden zusammen. Der Kanal wirkt mit anderen Worten nach Art der Darstellung in Abb. 75 als ein in das Feld eingelagerter Leiter.

Dies befähigt den Kanal, auch in Räume mit schwacher Feldstärke vorzudringen. Der Blitz sucht sich also etwa nach dem in Abb. 76 dargestellten Schema seinen Weg innerhalb der Wolken und von diesen zur Erde. Die für diesen Vorgang notwendige Gesamtspannung läßt sich nach M. Toepler für verschiedene Blitzlängen etwa wie folgt abschätzen:

Tabelle 2

Blitzlänge km	1	2	4	8	
unverzweigt	30	40	50	60	Millionen
verzweigt	20	25	30	35	Volt

Ein 3 km langer Blitz erfordert danach also nur etwa 45 Millionen Volt, d. h. nur rund 1/200 der zum freien Überschlag erforderlichen Spannung.

Die Wolkenpole, die das blitzauslösende Feld tragen und den Entladungsstrom liefern, sind räumliche Gebilde mit einer verhältnismäßig schlechten Leitfähigkeit. Dies hat zur Folge, daß die Nachlieferung elektrischer Ladung in den Kanal nicht beliebig rasch erfolgen kann. Infolgedessen gehen sowohl die Kanalbildung wie auch die eigentliche Entladung in einzelnen diskreten Einzelprozessen vor sich, die immer wieder von „Erschöpfungspausen“ unterbrochen sind, während deren sich der nächste Ladungsbetrag „bereit stellt“. Der Gesamtvorgang einer Blitzentladung sieht dann nach Untersuchungen mit rasch bewegter fotographischer Kamera etwa so aus, wie in Abb. 77 schematisch dargestellt ist. Die Abbildung ist so zu verstehen, daß zeitlich nacheinander erfolgende Vorgänge räumlich nebeneinander dargestellt sind. Die Zeit läuft von links nach rechts.

Die Kanalbildung erfolgt, wie die Leuchterscheinungen zeigen, in einzelnen Stufen von oben nach unten (unter besonderen Umständen gelegentlich auch von unten nach oben). Das jeweils neu gebildete Kanalstück leuchtet stärker als der schon fertige Kanal und ist deshalb dicker gezeichnet.

Hat ein solcher in „Ruckstufen“ nach unten vorwachsender Kanal in der Zeit t_1 den Boden erreicht, so erfolgt die stromstarke Hauptentladung in der Zeit t_2. Nach verschieden langen Erholungspausen T, die in der Regel 1/100 bis 1/10 Sek. betragen, wiederholt sich das Spiel, wobei aber die Wiederauffrischung des Kanals jetzt sehr viel schneller vor sich geht als die erste Bildung desselben. Die Anzahl der Teilentladungen beträgt im Mittel

3—4 je Blitz bei einem mittleren zeitlichen Abstand von 0,05 bis 0,1 Sek.; gelegentlich werden jedoch bis zu 20 und mehr solcher Einzelentladungen beobachtet. Für das Auge entsteht durch die Auflösung der Entladung in einzelne Teilvorgänge der Eindruck des Flackerns oder Flimmerns des Blitzkanals.

Aus einer mittleren Stromstärke von 20000 Amp. und einer nach Tabelle 2 geschätzten Spannung für einen 3 km langen Blitz von etwa 45 Millionen Volt ergibt sich bei 4 Teilentladungen von

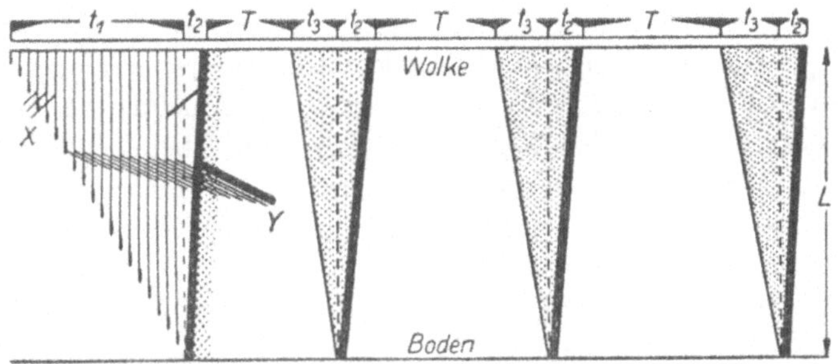

Abb. 77. Schematische Darstellung der Vorgänge in einem zur Erde gehenden Blitz nach B. F. I. SCHONLAND, D. J. MALAN und H. COLLENS. Durchschnittliche Werte $t_1 = 0{,}01$; $t_3 = 0{,}001$ Sek.; $t_2 = 0{,}00004$ Sek.; $T = 0{,}03$ Sek.; $L = 2{,}0$ km

je $4 \cdot 10^{-5}$ Sek. Dauer ein Gesamtenergieumsatz von nur 40 kwh (Kilowattstunden). Diese Zahl zeigt, daß die in einem Blitz umgesetzte Energie trotz der hohen Leistung von etwa 800 Millionen kw infolge der extrem kurzen Dauer desselben von einigen Hunderttausendstel Sekunden nur verschwindend gering bleibt.

Ungewöhnliche Blitzformen, wie der Kugelblitz und der Perlschnurblitz, sind seltene Erscheinungen, an deren Realität nicht zu zweifeln ist, für die jedoch eine befriedigende Erklärung noch aussteht.

Über die Entladungsvorgänge innerhalb der Wolken sind naturgemäß weniger Einzelheiten bekannt, da sich diese Entladungen im allgemeinen der unmittelbaren Beobachtung entziehen. Es ist anzunehmen, daß bei diesen Entladungen ebenso wie bei den Erdblitzen die Kanalbildung in der geschilderten Weise ruckstufenartig erfolgt; doch fehlen die stromstarken Hauptentladungen, so daß also der Ladungsumsatz bei Wolkenblitzen sehr viel geringer bleibt als bei Erdblitzen. Die Aufteilung auf mehrere Teilentladungen kommt auch bei den Wolkenblitzen vor; sie kann u. U. die eigenartige Form zahlreicher in ganz gleichen Zeitabständen von einigen Sekunden aufeinanderfolgender gleichartiger Lichterscheinungen annehmen. Die Häufigkeit der Wolkenentladungen ist im allgemeinen sehr viel größer als die der Erdblitze.

Die von Wolkenentladungen herrührenden Lichterscheinungen reichen von der schwächsten, in völliger Dunkelheit gerade eben noch wahrnehmbaren flächenhaft aufzuckenden Aufhellungen bis zu den mit starken Erdblitzen helligkeitsgleichen Wolkenerhellungen; die schwachen und schwächsten Lichterscheinungen haben eine besondere Bedeutung, weil sie das Anlaufen der Elektrisiermaschine in den Wolken und damit den Übergangszustand einer Quellwolke in das vorgewittrige Stadium anzeigen*. Da sie bei Tag nicht wahrnehmbar sind, kann man ihr Vorhandensein aus ihren elektromagnetischen Wirkungen erkennen. Wir kommen auf diese sprunghaften Darstellungen des luftelektrischen Feldes und Rundfunkstörungen im nächsten Abschnitt noch näher zurück.

Während der Ladungsumsatz einer Gewitterwolke innerhalb der Wolke und nach unten durch Niederschlag Vertikalstrom und Blitz erfolgt, geschieht der Transport nach oben offenbar nur durch Vertikalstrom, denn Blitzentladungen nach oben in den freien wolkenlosen Raum sind bisher nicht mit Sicherheit nachgewiesen.

3. Elektromagnetische Wirkungen der Blitzentladungen (Rundfunkstörungen, „atmospherics", „spherics")

Wenn man während eines Gewitters den Radioempfänger einschaltet, so ertönt bei jedem Blitz ein unangenehmes kratzendes Geräusch aus dem Lautsprecher, auch wenn kein Gewitter in

* Schwache Lichterscheinungen dieser Art werden gelegentlich auch an einzelnen Wolkenfetzen, auch an Schichtwolken, ja sogar an Nebelbänken beobachtet, ohne daß es hier im weiteren Verlauf zur Gewitterbildung kommt. Auch hier künden sie das Anlaufen eines Elektrisierungsprozesses an, der sich dann aber aus irgendwelchen Gründen nicht bis zum Großprozeß des ausgereiften Gewitters weiter entwickelt — Erscheinungen dieser Art sind besonders häufig im Hochgebirgsbereich, was auf einen gewissen Zusammenhang mit der als „Andenleuchten" bekannten Beobachtung hindeutet — die Beobachtung erinnert häufig an den Widerschein von Funkenbildungen an den elektrischen Bahnstrecken, mit denen sie auch gelegentlich verwechselt werden.

unmittelbarer Nähe ist. Der Empfänger nimmt also elektromagnetische Wellen auf, die von Blitzen ausgehen.

Wir finden diese Störungen auf der ganzen Skala unseres Empfängers und auf allen Wellenbereichen und schließen daraus, daß diese „Gewittersendungen" offenbar auf allen Wellen gleichzeitig erfolgen. Ein Unterschied ist lediglich der, daß die langen Wellen bevorzugt zu sein scheinen.

Diese Rundfunkstörungen, oder — wie sie heute meist genannt werden — „atmospherics" oder „spherics" sind für den Meteorologen und Geophysiker von höchstem Interesse. Denn sie stellen für den, der sie zu deuten weiß, eine Art „natürlicher Nachrichtenübermittlung" dar und geben Kunde von Vorgängen und Zuständen in der Atmosphäre, die auf anderen Wegen nur schwer oder gar nicht untersucht werden können.

Die Entstehung dieser Spherics hat man sich etwa folgendermaßen zu denken:

Eine gewittrige Entladung verändert den Ladungszustand in der Atmosphäre, muß also von entsprechenden Feldvariationen begleitet sein. Wir werden demnach bei jeder solchen Entladung eine entsprechende elektrische Wirkung am Boden feststellen — einerlei ob sie den Boden erreicht oder nicht.

Im einzelnen bauen sich diese elektrischen Fernwirkungen einer Entladung aus 3 Anteilen auf:

1. Die durch die Entladung bewirkte Gesamtladungsänderung hat einen anderen Feldaufbau zur Folge, als er vorher bestand. Das luftelektrische Feld am Boden geht also von einem Zustand vor Beginn der Entladung in einen neuen Zustand nach derselben über. Die Änderung ist dem Gesamtladungsumsatz proportional.

2. Während der Entladung erzeugt der stromdurchflossene Kanal um sich eine Induktionswirkung, die dem Stromfluß proportional ist.

3. Schließlich wirkt der Entladungskanal als Antenne, die eine elektromagnetische Wellenstrahlung abgibt. Ihre Intensität bestimmt sich aus dem Betrag der Stromänderungsgeschwindigkeit.

Wir drücken dies in mathematischer Formulierung folgendermaßen aus:

Befindet sich über einer leitenden Ebene in der Höhe h eine Ladung Q, die durch die Entladung vernichtet, d. h. zum Boden transportiert wird, so ergibt sich durch Integration der Maxwellschen Grundgleichungen der Elektrodynamik für diesen Vorgang im Abstand r vom Fußpunkt der Entladung eine Feldänderung folgender Größe:

$$Ep = \frac{c^2}{r^3} 2hQ + \frac{c}{r^2} 2h \frac{dQ}{dt} + \frac{1}{r} 2h \frac{d^2Q}{dt^2} \tag{6.1}$$

c = Lichtgeschwingigkeit

$$\frac{dQ}{dt} = J = \text{Strom}$$

$$\frac{d^2Q}{dt^2} = \frac{dJ}{dt} = \text{Stromänderung}$$

Diese Gleichung läßt sich anschaulich interpretieren:

Das 1. Glied der rechten Seite ergibt die durch die Entladung hervorgerufene Gesamtfeldänderung — auch „elektrostatischer Anteil" genannt — wieder. Die Summe der beiden anderen Glieder auf der rechten Seite von Gleichung (6.6) ergibt den „elektromagnetischen Anteil" der Feldänderung an. Dieser setzt sich zusammen aus dem „Induktionsanteil" (2. Glied), der der Stromstärke proportional ist und dem „Strahlungsanteil" (3. Glied), der der Änderung der Stromstärke proportional verläuft. Da die 3 Anteile in verschiedenem Maße von der Entfernung abhängen, tragen sie mit zunehmendem Abstand in verschiedener Weise zur tatsächlichen Feldänderung bei.

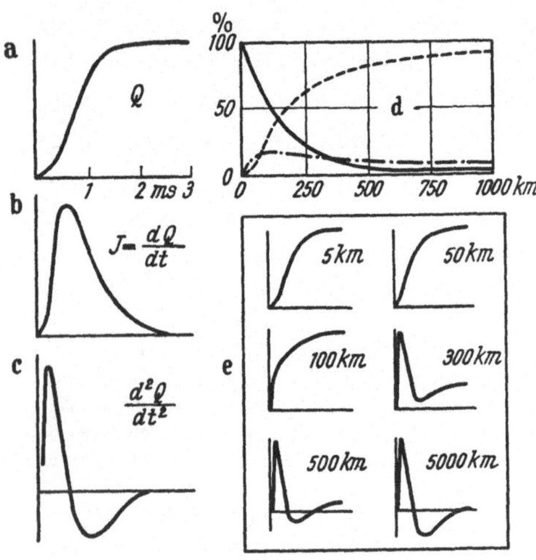

Abb. 78. Links: Graphische Darstellung des Verlaufes der einzelnen Glieder der Gleichung 1. Rechts, oben: Prozentuale Beteiligung der 3 Glieder bei verschiedenen Entfernungen. Unten: Verlauf der (berechneten) Gesamtstörung in verschiedenen Entfernungen

Zur Illustration dessen sind in Abb. 78 links die Größen Q, $J = dQ/dt$ und $dJ/dt = d^2Q/dt^2$ schematisch dargestellt unter plausiblen Annahmen über Gesamtladungstransport, Maximalstromstärke und zeitlichen Ablauf einer Blitzentladung.

Im rechten Teil der Abb. 78 gibt das oberste Teilbild die prozentuale Beteiligung dieser 3 Größen, die gemäß Gleichung (6.6) mit verschiedenen Potenzen von r abnehmen, an der beobachteten Gesamtfeldänderung wieder. Man sieht, daß das erste Glied rasch an Bedeutung verliert. Da auch das zweite keine wesentliche Bedeutung hat bzw. erlangt, herrscht in größerer Entfernung praktisch nur noch das dritte Glied der Gleichung vor.

Dies hat eine mit der Entfernung in typischer Weise gekoppelte Formänderung einer solchen Feldschwankung (Störung) zur Folge, die in den unteren rechten Teilbildern der Abb. 78 zum Ausdruck kommt.

Damit sind die Grundlagen gegeben zum Verständnis der Variationen des luftelektrischen Feldes, wie sie im Zusammenhang mit gewittrigen Entladungen auftreten. Der Entladungsvorgang erzeugt Feldänderungen am Boden, die sich mit der Entfernung vom Entladungsort in charakteristischer Weise verändern. Die

Form einer solchen Feldänderung entsteht also im Zusammenwirken von 2 Prozessen, und zwar:

1. durch die Vorgänge der Ladungsumlagerung am Entstehungsort der Störung selbst und

2. durch die Veränderungen dieser elektrischen Wirkungen mit der Entfernung.

Die Verformung der Störung mit der Entfernung, wie sie durch die verschiedene Reichweite der 3 Anteile in Gleichung (6.6) zustande kommt, wird noch wesentlich verändert durch folgenden Vorgang:

Man beobachtet im allgemeinen, daß im hochfrequenten Teil der Störung die Anzahl der einzelnen Schwingungsamplituden mit der Entfernung zunimmt. Dies läßt sich z. T. folgendermaßen deuten:

Von der Blitzentladung geht ein elektromagnetischer Impuls aus. Dieser kann auf verschiedene Weise zum Empfänger gelangen. Der nächste, zeitlich kürzeste Weg ist der der direkten Bodenwelle. Ein anderer Wellenteil kann in der Mitte zwischen Blitzort und Empfänger an der Ionosphärenunterseite reflektiert werden, kommt also etwas später am Empfangsort an. Weitere Wege führen über 2 Ionosphären- und eine Bodenreflexion, über $^3/_2$, $^4/_3$, allgemein über $n/(n-1)$ Reflexionen. Jede Zunahme von n bedeutet eine Verlängerung des Weges, also ein etwas späteres Eintreffen des Signals. Je größer die Gesamtentfernung wird, um so kleiner werden die Weglängenunterschiede zwischen den einzelnen Anteilen. Die Verringerung der Amplitude vom n-fach zum $(n+l)$-fach reflektierten Impuls infolge Energieverlustes bei der Reflexion wird mit zunehmender Gesamtentfernung geringer werden, da die Reflexionen immer schräger erfolgen. Wir erwarten demnach also eine Änderung der Störungsform mit zunehmendem Abstand derart, daß die Einzelimpulse immer mehr zu einem gedämpften hochfrequenten Wellenzug zusammenwachsen. Dies wird durch Aufnahmen von solchen Störungen bei nächtlichen Ausbreitungsbedingungen bestätigt, wie Abb. 79 zeigt. Bei Tagbeobachtungen werden diese klaren Gesetzmäßigkeiten meist infolge von Schwankungen der Reflexionshöhe und des Reflexionskoeffizienten unter dem Einfluß der Sonnenbestrahlung der Hochatmosphäre verwischt.

Weitere Gründe für das Zustandekommen der meist sehr komplizierten Störungsformen, insbesondere ihres hochfrequenten

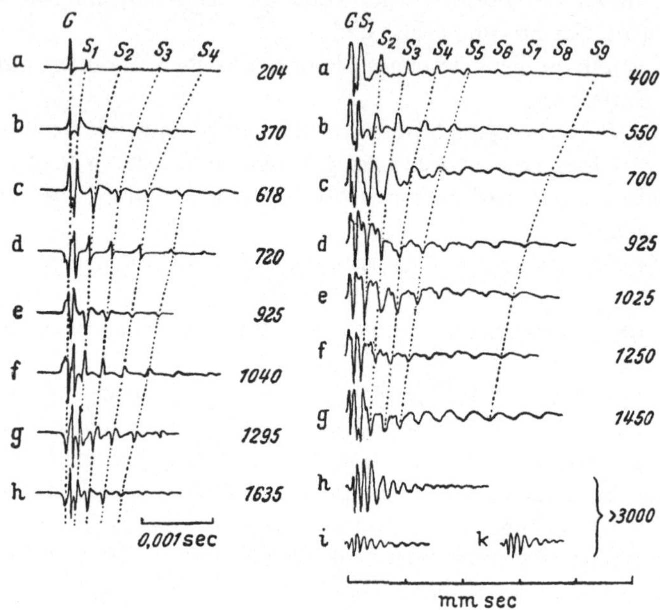

Abb. 79. Störungsformen mit zunehmender Entfernung nach B. F. J. SCHONLAND und Mitarbeitern bei nächtlicher Ausbreitung

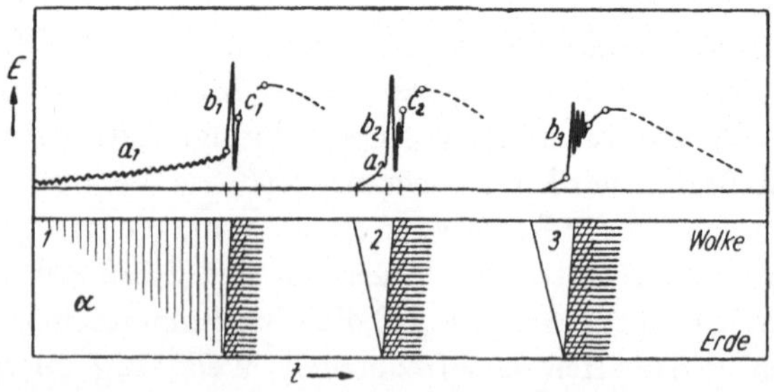

Abb. 80. Schematische Darstellung einer Blitzentladung und der zugehörigen Feldänderungen nach B. F. J. SCHONLAND, D. B. HODGES und H. COLLENS. Elektrische Feldstärke, *t*: Zeitachse

Anteils ergeben sich folgendermaßen: Wie im vorigen Abschnitt dargestellt, ist es eine charakteristische Eigenschaft des Blitzes, daß die erste Ausbildung des Kanals in einzelnen „Ruckstufen“ erfolgt. In Abb. 80 ist dies sowie der weitere Verlauf des Blitzes (Hauptentladungen, Teilentladungen) nochmals in ähnlicher Weise wie in Abb. 77 dargestellt (Ruckstufen: a_1; Hauptentladungen: $b_1\, b_2\, b_3$). Jeder Phase der Entladung ist nun eine entsprechende Feldschwankung zugeordnet (obere Teilfigur in Abb. 80). Jede dieser Einzelimpulse unterliegt wieder dem formändernden Einfluß der Entfernung vom Empfänger. Die Ruckstufenphase (Teil a, links) dürfte der Anlaß zu einem hochfrequenten Wellenzug sein (in Abb. 80 senkrecht gestrichelt).

Einen Einblick in die prozentuale Beteiligung verschiedener Frequenzen am Aufbau der Störungsformen gibt die Abb. 81, die von H. NORINDER in Uppsala aus der Analyse von 600 Störungs-Einzelindividuen abgeleitet wurde.

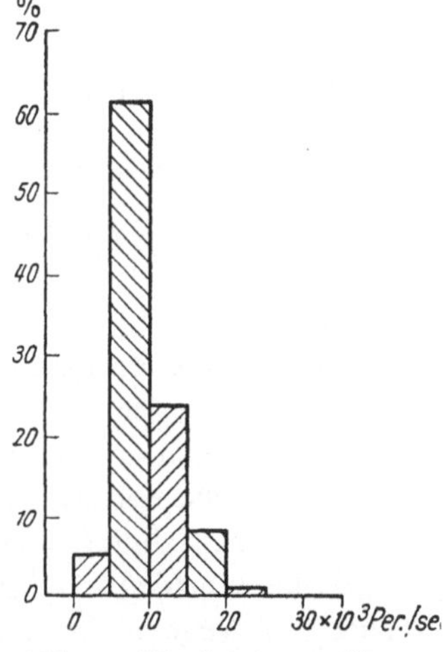

Abb. 81. Häufigkeitsverteilung der Frequenzen in atmosphärischen Störungen nach H. NORINDER

Da diese entladungsbedingten Störungen — im allgemeinen mit dem englischen Wort „atmospherics“ oder „spherics“ bezeichnet —, ihren Ursprung in gewittrigen Entladungen haben und bei ihrem Weg vom Empfänger allen atmosphärischen Einflüssen auf die Wellenausbreitung unterliegen, werden sie zu wichtigen Boten, die Nachrichten über das Wetter an ihrem Entstehungsort und über die atmosphärischen Zustände auf ihrem Übertragungsweg vermitteln. So unsympathisch diese Erscheinungen dem Rundfunkhörer sind, so wichtig sind sie für die wissenschaftliche Erkundung von Wetter und Atmosphäre. Die letzten Jahrzehnte haben hier die Entwicklung eines neuen Forschungszweiges gebracht, der noch in ständiger Erweiterung begriffen ist. Durch Zählung, Anpeilung und Formuntersuchung dieser Impulse gelingt es heute, neue bisher unzugängliche Erkenntnisse zu gewinnen, aus denen die Wetterkunde ebenso wie die Ionosphärenforschung wichtige Schlüsse zu ziehen vermag. Es ist kein Zufall, daß die Entwicklung dieses Forschungszweiges besonderen Auftrieb während des letzten Krieges erfahren hat, als die kriegsbedingte Abschnürung die weiträumige Wettererkundung unmöglich machte. Heute gehört dieser Forschungszweig in fast allen Kulturländern zu einem nicht mehr wegzudenkenden Bestandteil der Atmosphärenforschung.

VII. Atmosphärische Radioaktivität

1. Die Ionisatoren in der Atmosphäre

Wie bereits mehrfach erwähnt, beruht die atmosphärische Leitfähigkeit auf der ionisierenden Wirkung energiereicher Strahlungen. Der in allen Atmosphärenhöhen wirksame Hauptionenerzeuger ist die kosmische Ultrastrahlung, deren Höhen- und Breitenabhängigkeit wir schon in Abb. 71 kennengelernt haben (s. S. 83). In den untersten Höhenkilometern kommt als weitere Ionenquelle die Radioaktivität hinzu, die hier in ihrer Wirkung die der Ultrastrahlung zum Teil erheblich übersteigt.

Zu diesen beiden ständig vorhandenen Ionisatoren gesellt sich heute ein weiterer Ionisator in Gestalt künstlich-radioaktiver Stoffe:

Die zunehmende Verwendung von Atomspaltungsprozessen zur Energiegewinnung bringt es mit sich, daß künstlich radioaktive Zerfallsprodukte in die Atmosphäre gelangen. Besondere Aufmerksamkeit verdient in dieser Hinsicht der praktisch unkontrollierte Umsatz von Masse in Energie in explosiver Form (Atombombe). Der Beitrag dieser Spaltprodukte zur atmosphärischen Ionisierung ist — abgesehen von der Umgebung von Bombenexplosionsorten — bis heute im allgemeinen noch wesentlich geringer als der der natürlich radioaktiven Stoffe, doch wird die Frage nach den möglichen Wirkungen solcher Stoffe in der Atmosphäre heute unter den verschiedensten Gesichtspunkten sehr lebhaft diskutiert. So verständlich dies angesichts mancher inzwischen bekannt gewordenen Erfahrungen ist, so bringt doch die ausgedehnte Publizistik über diese Dinge die Gefahr mit sich, daß Widersprüche und Unklarheiten entstehen, über die sich der

Nichtfachmann häufig keine Klarheit mehr verschaffen kann. Um hier dem Leser eine Beurteilung zu ermöglichen, sollen im weiteren einige heute über diese Dinge bekannte Zahlenwerte mitgeteilt werden.

Die Verteilung der genannten Ionisatoren in horizontaler und vertikaler Richtung, sowie ihre zeitlichen Variationen sind ihrer Herkunft entsprechend sehr verschieden:

Die kosmische Strahlung kommt — wie ihr Name besagt — aus dem Weltraum und trifft praktisch von allen Seiten in gleicher Stärke ein. Mit dem Eindringen in die Atmosphäre nimmt ihre Ionenbildung durch Sekundärstrahlenbildung zunächst mit der Eindringtiefe in charakteristischer Weise zu (vgl. Abb. 82), um dann infolge Aufbrauchens der Energie zum Boden hin auf einen geringen Bruchteil des ursprünglichen Wertes abzunehmen. Diese Höhenverteilung ist qualitativ überall die gleiche, erfährt jedoch quantitativ über der Wirkung des erdmagnetischen Feldes die schon in Abb. 71 gezeigte Breitenabhängigkeit.

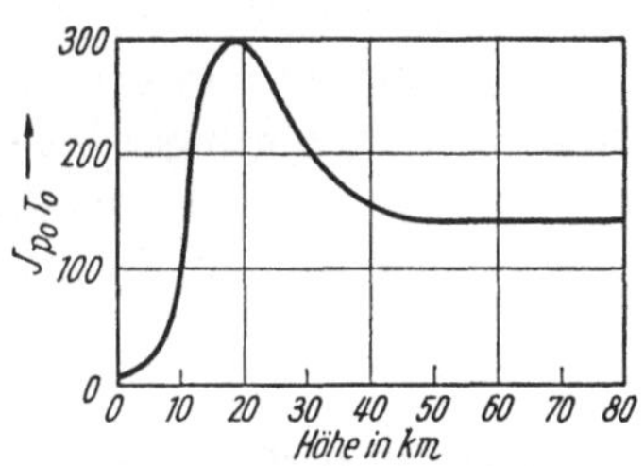

Abb. 82. Ionenerzeugung der kosmischen Strahlung in verschiedenen Höhen in 41° nördlicher geomagnetischer Breite (nach GANGNES, JENKINS und VON ALLEN). Die Werte sind auf „Normalbedingungen“ 0° Celsius, 760 mm Druck umgerechnet

Die natürlich radioaktiven Stoffe in der Atmosphäre gelangen über die gasförmigen Zwischenglieder der Zerfallsreihe, die sog. „Emanationen“ (s. unten) aus dem Boden durch Diffusion in die Atmosphäre und werden hier durch Luftströmungen und Massenaustausch in horizontaler und vertikaler Richtung verteilt. Ihr Gehalt nimmt rasch mit der Höhe ab. Da sie praktisch nur dem Festland entstammen — Seewasser ist im Vergleich zu Gesteinen und Böden fast radioinaktiv —, ist die Luft über den Ozeanen in Landferne fast frei von radioaktiven Stoffen.

Die künstliche Radioaktivität, die bei Atombombenexplosionen in die Atmosphäre gelangt, wird durch die Explosionswirkung in größere Atmosphärenhöhen getragen und verteilt sich infolge der meist sehr erheblichen Luftgeschwindigkeiten in diesen Höhen außerordentlich rasch über sehr große Entfernungen. Ihre Menge unterliegt, wie nicht anders zu erwarten, erheblichen örtlichen und zeitlichen Schwankungen.

Zusammenfassend ist also zu sagen, daß die kosmische Strahlung den von meteorologischen Einwirkungen praktisch abhängigen Grundionisator darstellt. Über ihn überlagert sich — rasch mit der Höhe abnehmend —, die ionisierende Wirkung der natürlich radioaktiven Substanzen, die — im wesentlichen festlandgebunden —, in ihrer Verteilung eng mit dem meteorologischen Geschehen zusammenhängen. Beiden Wirkungen überlagert sich die Ionisierung durch Atomspaltungsprodukte, die ihrem Ursprung und den Transportwegen entsprechend in besonders unregelmäßiger Weise variieren.

Wir wollen im weiteren die beiden Ionenbildner radioaktiven Ursprungs etwas eingehender betrachten.

2. Die natürliche Radioaktivität in der Atmosphäre

Die natürlich-radioaktiven Elemente leiten sich (mit einigen wenigen Ausnahmen, die hier nicht interessieren) aus 3 sehr langlebigen „Muttersubstanzen" her, dem Uran, dem Thorium und dem Actinium. Aus diesen bilden sich die radioaktiven „Zerfallsreihen", Reihen von Elementen, deren jedes mit einer bestimmten Geschwindigkeit durch freiwilligen Atomzerfall aus dem vorhergehenden entsteht und sich mit einer ihm eigenen Zeitkonstante durch Zerfall in das nächstfolgende umwandelt. Die Umwandlung geschieht jeweils unter Aussendung einer bestimmten zur Ionenbildung befähigten Strahlenart. — Nach einer bestimmten Anzahl von solchen Umwandlungsprozessen erreicht jedes ursprünglich aus der Muttersubstanz stammendes Atom schließlich einen stabilen Endzustand: alle 3 Zerfallsreihen endigen im Blei und zwar je nach dem Ausgang in den verschiedenen Blei-„Isotopen" Uranblei, Thoriumblei und Actiniumblei.

Die Muttersubstanzen sind in sehr geringen, aber meßbaren Spuren in allen Gesteinen und Böden — gelegentlich auch in Gewässern — zu finden. Im Mittel sind etwa $3 \cdot 10^{-6}$ g Uran und etwa 10^{-5} g Thorium je g Gestein vorhanden.

Actinium spielt im hiesigen Zusammenhang nur eine untergeordnete Rolle, da seine in die Atmosphäre gelangenden Folgeprodukte außerordentlich rasch zerfallen (s. Tabelle 3).

Jede der 3 Zerfallsreihen enthält ein Edelgas. Die Uran-Reihen das Radon (Radium-Emanation), die Thorium-Reihe das Thoron (Thorium-Emanation) und die Actinium-Reihe das Actinon (Actinium-Emanation. Die Gesteine und Böden geben einen Teil der in ihnen entstehenden Emanationen an die Luft in den Bodenkapillaren ab, von wo sie durch Diffusion in die Atmosphäre gelangen. Wir können deshalb in atmosphärischer Luft nur radioaktive Substanzen vom betr. Edelgas abwärts erwarten.

Tabelle 3 gibt eine Übersicht über diese natürlich radioaktiven Elemente von den Emanationen abwärts mit ihrer Bezeichnung, dem üblichen Symbol, ihrer Halbwertszeit* und ihrer Strahlungsart.

Die 3 bei den Zerfallsprozessen auftretenden Strahlungsarten sind kurz wie folgt zu charakterisieren:

Die α-Strahlen sind doppelt ionisierte Heliumatome — also Helium-Atomkerne —, die mit großer Geschwindigkeit aus den Atomkernen der radioaktiven Atome ausgeschleudert werden. Ihre Reichweite beträgt in Luft von Atmosphärendruck einige cm. Auf diesem Weg bilden sie größenordnungsmäßig 10^5 Ionenpaare.

Die β-Strahlen sind Elektronenstrahlen, die ebenfalls aus den radioaktiven Atomkernen stammen. Die Geschwindigkeit, die sie

---

* Der radioaktive Zerfall vollzieht sich nach einem einfachen Gesetz: Sind N Atome eines Stoffes vorhanden, so wandelt sich in gleichen Zeiträumen stets der gleiche Prozentsatz davon um. Die Höhe dieses Prozentsatzes ist unabhängig von den physikalischen und chemischen Umständen, stets die gleiche, hat also die Bedeutung einer für den betr. Stoff charakteristischen Konstante, der sog. Zerfallskonstante λ.

Mathematisch formuliert lautet das Zerfallsgesetz (ebenso wie früher das Zerstreuungsgesetz der Gleichung 2.3)

$$\frac{dN}{dt} = \lambda N \qquad (7.1)$$

mit dem zu Gleichung (2.4) analogen Integralgesetz

$$N_t = N_0 \cdot e^{-\lambda \cdot t} \qquad (7.2)$$

t = Zeit.

Die Zeit, innerhalb deren eine vorhandene Menge auf ihren halben Wert zerfällt, wird als „Halbwertszeit" τ bezeichnet.

Sie ergibt sich, wie man leicht sieht, zu

$$\tau = \ln 2/\lambda \qquad (7.3)$$

ln: natürlicher Logarithmus.

bei ihrer Ausschleuderung erfahren, variiert in weiten Grenzen zwischen etwa 1% der Lichtgeschwindigkeit und dieser selbst. Reichweite und Ionisierung hängen eng mit dieser ihrer Anfangsgeschwindigkeit zusammen.

Die γ-Strahlen sind eine elektromagnetische Strahlung, also mit anderen Worten extrem kurzwelliges Licht. Auch sie entstammen dem Inneren der radioaktiven Atomkerne. Ihre Reichweite ist wesentlich größer als die der α-Strahlen und meist auch größer als die der β-Strahlen, ihre Ionisierung je Längeneinheit ihrer Bahn ist geringer als bei den anderen beiden Strahlenarten.

Tabelle 3. *Die natürlich-radioaktiven Elemente von den Emanationen an*

Element		Strahlungsart	Halbwertzeit
Radon	Rn	α	3,825 Tage
Radium A	RaA	α	3,05 Minuten
Radium B	RaB	$\beta + \gamma$	26,8 Minuten
Radium C	RaC	$\alpha + \beta + \gamma$	19,7 Minuten
Radium D	RaD	$\beta + \gamma$	22 Jahre
Radium E	RaE	$\beta + \gamma$	5,0 Tage
Radium F	RaF	$\alpha\,(+\,\beta)$[1]	140 Tage
Thoron	RN	α	54,5 Sekunden
Thorium A	ThA	α	0,14 Sekunden
Thorium B	ThB	$\beta + \gamma$	10,6 Stunden
Thorium C	ThC	$\alpha + \beta + \gamma$	60,5 Minuten
Actinon	An	α	3,92 Sekunden
Actinium A	AcA	α	2×10^{-3} Sekunden
Actinium B	AcB	$\beta + \gamma$	36,0 Minuten
Actinium C	AcC	$\alpha + \beta + \gamma$	2,16 Minuten

[1] unsicher

Als Maßeinheit pflegt man im Bereich der radioaktiven Substanzen in der Regel nicht mehr das Gewicht sondern die Zerfalls- bzw. Strahlungseigenschaften des betr. Elementes zu benutzen: Als erste solche Einheit wurde 1910 das „Curie" (C) definiert*.

Es gibt die Menge des aus dem Radium entstehenden Elementes Radon an, die mit 1 g Radium im radioaktiven Gleichgewicht**

* Benennung nach der Entdeckerin des Radiums Mme M. Curie.

** Radioaktives Gleichgewicht besteht in einer radioaktiven Zerfallsreihe dann, wenn die Anzahl der pro Sekunde zerfallenden Atome bei allen Gliedern die gleiche ist. Nach Gleichung (7.1) ist das dann der Fall, wenn

(7.4) $$\lambda_1 N_1 = \lambda_2 N_2 = \lambda_n N_n \text{ ist.}$$

steht, die also pro Sekunde die gleiche Anzahl einzelner Zerfallsakte aufweist, wie ein Gramm Radium, d. h. die Zahl von $3{,}7 \cdot 10^{10}$ (37 Milliarden) Atomumwandlungen.

1950 wurde dieser Begriff auf *alle* (natürlichen und künstlichen radioaktiven Elemente ausgedehnt. Ein Curie gibt danach die Menge eines radioaktiven zerfallenden Stoffes an, von dem sich in der Sekunde $3{,}7 \cdot 10^{10}$ Atome umwandeln*.

Tabelle 4 gibt einen Überblick über die in Bodenluft und Atmosphäre vorkommenden natürlich-radioaktiven Substanzen der Uranreihe. Aufgeführt sind die Radonkonzentrationen, die kurzlebigen „Induktionen" RaA bis RaC sind in der Regel in Gleichgewichtsmenge, die langlebigen Induktionen *RaD* und *RaF* sind

Tabelle 4. *Die natürliche Radioaktivität in Bodenluft und Atmosphäre (Uranabkömmlinge**)*

	Mittlerer Radongehalt	
Bodenluft	ca. $3 \cdot 10^{-13}$ C/cm³ (zwischen $5 \cdot 10^{-14}$ und 10^{-9} C schwankend***)	
„Exhalation" (Festland)	Im Mittel: $40 \cdot 10^{-18}$ C/cm² Sek.	
Atmosphäre (Flachland)	ca. $1{,}3 \cdot 10^{-16}$ C/cm³	
Atmosphäre (Ozeane)	$1 - 2 \cdot 10^{-18}$	
	Höhe	**Mittlere Rn-Konzentration in % des Flachlandwertes**
Freie Atmosphäre	0	100
	1000	ca. 50
	2000	ca. 25
	5000	ca. 5
	10000	ca. 0,1

* Der Übergang zur Stoffmenge ist nach Gleichung (7.4) möglich durch die Beziehung

$$3{,}7 \cdot 10^{10} = \lambda N \tag{7.5}$$

wo λ die Zerfallskonstante und N die Atomzahl des betr. Stoffes ist.

** Die Thorium-Abkömmlinge treten in der Atmosphäre den Uranabkömmlingen gegenüber an Bedeutung stark zurück. Die Actiniumabkömmlinge brauchen, wie schon gesagt, hier nicht berücksichtigt zu werden.

*** Der Radongehalt der Bodenluft kann über geologische Unstetigkeiten im Untergrund infolge höheren Emanierungsvermögens des zerklüfteten Gesteins und anderer Ursachen u. U. *erheblich* erhöht sein.

in der Regel in sehr viel geringerer Menge vorhanden als nach den Gleichgewichtsbedingungen zu erwarten wäre.

Auf Grund der in Tabelle 4 enthaltenen Zahlen ergeben sich unter Berücksichtigung der beim Zerfall entstehenden Strahlenarten folgende Ionisierungsbeträge:

„Bodenstrahlung“ ca. 4,0 J (Gesamtheit der Ionenbildung durch radioaktive Stoffe in und auf dem Boden); „Luftstrahlung“ ca. 4,6 J (Ionisierung radioaktiver Substanzen in der Luft).

Zusammen mit ca. 1,5 bis 1,8 J als Wirkung der kosmischen Strahlung ergibt sich also der schon früher erwähnte Wert der Ionisationserzeugung q in den unteren Schichten von

$$q \sim 10 \text{ J}.$$

Niederschläge zeigen über dem Festland durchweg eine gewisse Radioaktivität, die vorwiegend aus den kurzlebigen Induktionen *RaA* und *RaC* besteht. Über See sind — bzw. waren sie bis vor Entwicklung der Atombombe — praktisch inaktiv.

Zum Austauscheinfluß auf den Radongehalt der Atmosphäre siehe die schon oben angeführte Abb. 37.

3. Die künstliche Radioaktivität in der Atmosphäre

Künstlich-radioaktive Stoffe gelangen, wie schon gesagt, bei Atomspaltungsprozessen in die Atmosphäre. Obwohl sie ebenso wie die natürlichen Stoffe auch von unten her in die Atmosphäre eingebracht werden, erfahren sie hier eine anders geartete und vor allem viel weiter reichende Verteilung als jene. Der Grund ist leicht einzusehen. Die natürlich-radioaktiven Stoffe können höhere Atmosphärenschichten nur durch Diffusion und Austausch erreichen. Da dieser Vorgang Zeit braucht und die betr. Stoffe kurzlebig sind, gelangt nur ein kleiner Bruchteil von ihnen in die höheren durch starke Winde ausgezeichneten Bereiche der Atmosphäre. Anders die künstlich-radioaktiven Produkte: Zunächst haben diese zum Teil erheblich größere Lebensdauer als die natürlich aktiven Stoffe in der Atmosphäre; sie würden also auch beim gleichen langsamen Vertikaltransport in sehr viel größerem Maße in die weiträumige Großzirkulation einbezogen werden. Vor allem aber werden bei Atomexplosionen die Bombenprodukte bis in größere

Atmosphärenhöhen emporgeschleudert, treffen hier auf die schon erwähnten Luftströmungen sehr großer Geschwindigkeiten und werden so in kurzer Zeit über sehr große Entfernungen verfrachtet.

Bei der Explosion werden die betr. Stoffe verdampft und größtenteils mit der Heißluft in der pilzförmigen Explosionswolke 10—15 km hoch empor gerissen. Aus dieser Dampfwolke kondensieren sie zu Teilchen verschiedenster Größe vom molekularen Bereich bis zu gröberen Partikelchen und beginnen dann

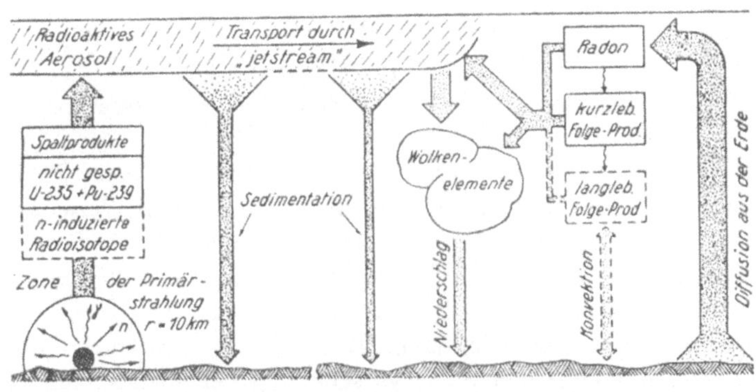

Abb. 83. Schemadarstellung zur Verteilung natürlich-radioaktiver und künstlich-radioaktiver Stoffe in der Atmosphäre (nach Mügge-Jacobi)

unter der Wirkung der Schwerkraft auszufallen. Die „grobdispersen" Teilchen mit einem Durchmesser von mehr als 2/100 mm fallen innerhalb 100—200 km Entfernung vom Explosionsherd als sog. „radioaktive Asche" zu Boden. Die „feiner dispersen" Teilchen fallen entsprechend langsamer und können deshalb sehr weit verfrachtet werden. Die kleinsten von ihnen dürften evtl. durch den Austauschprozeß der Niederschläge wieder zur Erde zurückgebracht werden.

Abb. 83 zeigt in anschaulicher Schemadarstellung den Weg der natürlich-radioaktiven Elemente und der künstlich-radioaktiven Substanzen in der Atmosphäre (zum Begriff „jetstream" s. unten).

Über die Menge künstlich-radioaktiver Substanz, die durch Atombombenexplosionen entsteht, ist nach amerikanischen Angaben folgendes anzunehmen („The effect of atomic weapons". New York 1950):

Tabelle 5. *Künstliche Radioaktivität bei Explosion einer 100-kg-Atombombe aus Uran (U^{235}) bzw. Plutonium (Pu^{239}*)*

α-strahlende Substanz (nicht gespaltenes Ausgangsmaterial) bei U^{235}		0,2 Curie (HWZ $7 \cdot 10^8$ Jahre
bei Pu^{239}		6000 Curie (HWZ $2{,}4 \cdot 10^4$ Jahre
	Zeit nach der Explosion	**Aktivität in Curie**
β- u. γ-strahlende Substanz (Spaltprodukte)	1 Minute	$8{,}2 \cdot 10^{11}$
	1 Stunde	$6{,}0 \cdot 10^9$
	1 Tag	$1{,}3 \cdot 10^8$
	1 Woche	$1{,}3 \cdot 10^7$
	1 Monat	$2{,}3 \cdot 10^6$
	1 Jahr	$1{,}1 \cdot 10^5$
	10 Jahre	8000**

Um eine Vorstellung dessen zu bekommen, was diese Zahlen bedeuten, setzen wir sie zur natürlichen Aktivität in Beziehung. Dazu denken wir uns die Gesamtaktivität einer „Normalbombe" einen Monat nach der Explosion gleichmäßig über die gesamte Erdatmosphäre zwischen Boden und 10 km Höhe verteilt. Auf diese Weise erhalten wir dann die durch eine „Normalbombe" maximal mögliche weltweite Verseuchung der Atmosphäre mit künstlicher Radioaktivität. Man errechnet dafür nach Tabelle 5 leicht die folgenden Werte:

α-Aktivität $1{,}2 \cdot 10^{-21}$ C/cm^3 (Pu) und
β- und γ-Aktivität $2{,}6 \cdot 10^{-18}$ C/cm^3 (Spaltprodukte).

Wie man sieht, sind ihre Werte neben der natürlichen Radioaktivität der Atmosphäre (Größenordnung 10^{-16} C/cm^3) zu vernachlässigen.

Kommt jedoch eine akkumulierende Wirkung hinzu (z. B. die auswaschende Wirkung der Niederschläge), die die künstlich-radioaktiven Produkte auf engeren Raum konzentriert, so können

* Etwa der über Hiroshima abgeworfenen Bombe entsprechend.

** Es handelt sich hier um ein Gemisch von β- und γ-strahlenden Substanzen verschiedenster Halbwertszeiten, dessen Aktivitätsabnahme im Mittel durch ein Gesetz der Form

$$A_t = A_0 \cdot t^{-1{,}2} \qquad (7{,}5)$$

A_t = Aktivität zur Zeit t
A_0 = Aktivität zur Zeit 0

dargestellt werden kann.

die Aktivitätszahlen in Bodennähe u. U. wesentlich anders werden, wie wir gleich sehen werden.

Über Menge, Verteilung und Transport von Atombombenprodukten ist aus bisherigen Messungen in verschiedenen Teilen der Welt folgendes zu entnehmen.

An einigen Orten der Staaten Nevada und Utah im Westen der USA wurden 1952 im Zusammenhang mit Bombenexplosionen in der Wüste von Nevada (Jucca Flats, Nev.) kurzzeitig

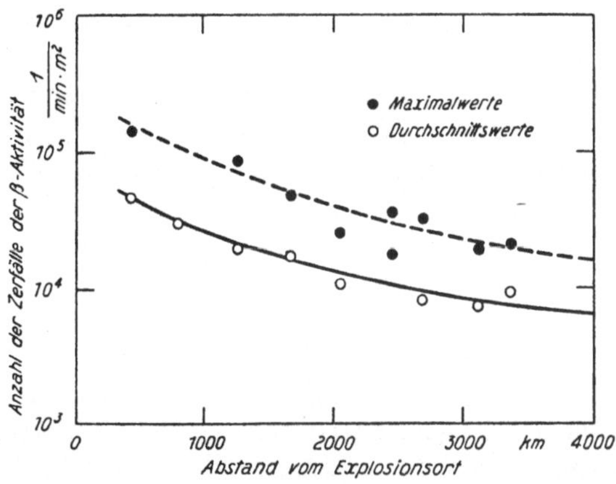

Abb. 84. Bodenaktivität in den USA als Folge von 8 Atombomben-Explosionen in Jucca Flats Nev. ca. $^1/_2$ Jahr später (nach EISENBUD und HARLEY) 10^4 Zerfallsakte pro m^2 und Minute entsprechen $0,5 \cdot 10^{-12}$ C/cm²

Maximalwerte der Luftaktivität bis zu $2,7 \cdot 10^{-13}$ C/cm³ und Ablagerungen radioaktiven Staubes zu einer Maximalaktivität von $157 \cdot 10^{-2}$ C/cm² in 24 Stunden beobachtet (M. EISENBUD und J. H. HARLEY).

Im Bereich der Vereinigten Staaten von Amerika wurde durch 8 Uran bzw. Plutonium Bombenexplosionen in der Wüste von Nevada in der Zeit vom 1. 4. bis 5. 6. 52 eine Zunahme der Bodenaktivität beobachtet, die am 1. 1. 53 die in Abb. 84 dargestellten Werte besaß. Sie geht also von etwa 10^5 Zerfallsakten pro m² und Minute (entsprechend etwa $5 \cdot 10^{-12}$ C/cm²) in der näheren Umgebung des Explosionsortes auf etwa $^1/_{10}$ dieses Wertes in 3000 km Entfernung zurück.

In Deutschland haben sich bisher folgende Meßwerte ergeben: Nach Messungen auf dem Königsstuhl bei Heidelberg (O. HAXEL und G. Schumann) sind bisher kurzzeitig Maximalwerte β- und γ-strahlender Spaltprodukte bis zu einigen 10^{-18} C/cm^3 gefunden worden.

In Niederschlägen mißt A. Sittkus auf dem Schauinsland bei Freiburg normalerweise Werte von einigen 10^{-13} C/cm^3 Niederschlag, die jedoch in einzelnen Fällen bis zum 10fachen Wert und mehr ansteigen können.

Der Ferntransport der künstlich-radioaktiven Produkte erfolgt in der oberen Troposphäre und verläuft im allgemeinen außerordentlich rasch:

In der Mehrzahl der Fälle ist z. B. die Aktivität von Atombombenexplosionen im Westen der USA nach 5—7 Tagen in Europa nachweisbar (Haxel, Sittkus). Entscheidend für diese rasche Verfrachtung sind die sog. „Strahlungsströmungen"; („jet-stream") Gebiete außerordentlich hoher Windgeschwindigkeiten (200—400 km pro Stunde), die fast regelmäßig in einigen km Höhe in die normale Westdrift unserer Atmosphäre in mittleren Breiten eingelagert sind.

Abb. 85 zeigt eine Druckverteilungskarte in 5000 m Höhe, in der man an den dicht gedrängten Isobaren über dem Nordatlantik einen solchen „jet-stream" erkennt.

Ferntransport und Konzentration des radioaktiven Aerosols hängen davon ab, ob das Aerosol rasch oder erst nach einer gewissen Zeit von einem solchen jet-stream erfaßt wird. Abb. 86 zeigt dies deutlich für 2 Atombombenexplosionen in Jucca Flat am 19. 5. und 14. 6. 53. Dargestellt sind die Bahnen der Geschwindigkeiten der Verfrachtung des radioaktiven Aerosol für beide Fälle. Während die Folgeprodukte der Explosion am 19. 5. nach einem komplizierten Weg über den amerikanischen Kontinent offenbar erst nach 15 Tagen in einen jet-stream-Bereich geraten und dann nach weiteren 6 Tagen in Mitteleuropa eintreffen, kreuzt die Bahn der Explosionsprodukte vom 4. 6. schon nach 4 Tagen die spanische Küste.

Besonderes Interesse beanspruchen in diesem Zusammenhang heute die beiden Fragen, ob durch Atombombenexplosionen eine Wetterbeeinflussung möglich ist und ob und inwieweit die Verseuchung der Atmosphäre mit künstlich-radioaktiven Produkten eine biologische Gefährdung darstellt.

Zur ersten Frage betrachten wir kurz einige Zahlen zum Energieumsatz:

Eine „normale“ Atombombe, wie wir sie oben immer vorausgesetzt haben, entwickelt bei ihrer Explosion eine Energie von etwa $23 \cdot 10^6$ (23 Millionen Kilowattstunden). Dem stehen folgende Zahlen gegenüber:

In einem Gewitter mittlerer Stärke werden etwa 200 Millionen kwh umgesetzt, in den ständig auf der Erde tätigen etwa 2000 Gewittern insgesamt also etwa 400 Milliarden Kilowattstunden. — Dies ist nur ein Bruchteil der Gesamtenergie des Wetters: Der Energielieferant für das Wettergeschehen ist die Sonne. Von ihr empfängt die Erde durch Strahlung in jeder Sekunde $4 \cdot 10^{11}$ (400 Milliarden) Kilowattstunden Energie. — Neben diesen Energien spielen die in Atombomben freiwerdenden Energien — selbst bei der gegenüber der Normalbombe rund 100 mal stärkeren H-Bombe — keinerlei Rolle.

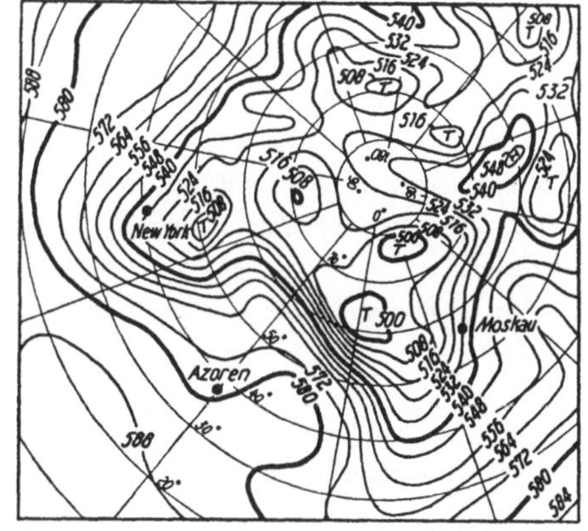

Abb. 85. Druckverteilung in 5 km Höhe am 23. 12. 54, 3 Uhr früh. Über dem Nordatlantik ist ein jet-stream mit 300 km pro Stunde Geschwindigkeit vorhanden

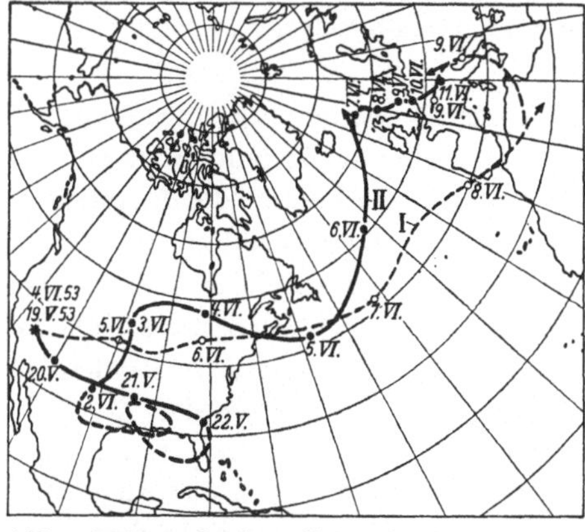

Abb. 86. Wege der künstlich-radioaktiven Aerosole von Jucca Flats nach Europa für die beiden Atombombenexplosionen am 19. 5. 53 und 4. 6. 53. Die Höhe der Bahnen ist etwa zwischen 5 und 10000 m anzunehmen

Gelegentlich wird die Vermutung geäußert, die durch Atombombenexplosionen in die Atmosphäre geschleuderten Massen könnten diese so trüben, daß die Sonnenzustrahlung merklich vermindert würde. — Hierzu ist zu sagen, daß bei bekannten großen Vulkanausbrüchen (Krakatao, Kalmai) bis zu 1000 mal größere Aschemengen in die Atmosphäre geschleudert worden sind; erst diese Mengen haben, wie bekannt, zu einer leichten Beeinflussung des atmosphärischen Trübungszustandes geführt.

Zusammenfassend ist also zu sagen, daß eine *Wetterbeeinflussung durch Atombombenexplosionen nach allem, was man darüber weiß — außer natürlich am Explosionsherd selbst — nicht möglich erscheint.*

Zur 2. Frage (biologische Wirkung der radioaktiven Verseuchung) gibt Tabelle 6 gewisse Antwort.

Tabelle 6. *Maximal zulässige Konzentration radioaktiver Stoffe in Wasser und Luft bei Dauerzufuhr* (nach B. Rajewski: „*Strahlendosis und Strahlenwirkung*" *Stuttgart 1954*)

Stoff	Maximal zulässige Konzentration in Curie/cm³ Wasser	Curie/cm³ Luft
Radon	$(4 \cdot 10^{-12})$	10^{-13}
Mischung v. Spaltprodukten β- u. α-Strahler	10^{-13}	10^{-15}
Mischung von α-Strahlern	10^{-13}	$5 \cdot 10^{-18}$

Kurzzeitig werden im allgemeinen 100 × größere Konzentrationen ohne Schädigung ertragen.

Vergleicht man damit die Angaben über die bisherigen Beobachtungen (s. oben Tabelle 5 und folgende Seiten), so ergibt sich, daß die bisher in größerer Entfernung vom Explosionsort entstandenen Verseuchungen der Luft sowohl für α-Strahler wie für β- und γ-Strahler *weit unterhalb* der Gefahrengrenze liegen. Im Regenwasser dagegen werden die Toleranzgrenzen für Daueraufnahme erreicht und gelegentlich kurzzeitig nicht unwesentlich überschritten. Da jedoch das Regenwasser nicht dauernd direkt verwendet wird, sondern normalerweise durch Filtration im Boden und Mischung mit inaktivem Wasser in seinem Aktivitätsgehalt stark vermindert wird, besteht auch hier *bisher kein Grund zur Beunruhigung.*

Zur Strahlungswirkung der durch direkten Ausfall und durch Niederschläge auf die Erdoberfläche gebrachten Substanzen ist folgendes zu sagen:

Die Toleranzdosis für Dauerbestrahlung beträgt bei γ-Strahlung 0,3 *r*/pro Woche*.

Die α- und β-Strahlung des Bodenbelages können wir ihrer geringen Durchdringungsfähigkeit wegen vernachlässigen. 0,3 *r* pro Woche würde von einem Bodenbelag von $5 \cdot 10^{-8}$ C/cm^2 Bodenfläche erzeugt. Somit liegt also die Belagstrahlung nach den oben angegebenen Werten *weit unterhalb der Gefahrengrenze*.

Zusammenfassend ist zu sagen, daß für unser europäisches Gebiet, wie auch für Gebiete, die mehr als 500 km vom Bombenexplosionsort entfernt liegen, nach bisherigen Kenntnissen keine Gefährdung durch die bei den Explosionen in die Atmosphäre gebrachten künstlich-radioaktiven Produkte zu bestehen scheint. Das schließt nicht aus, daß man diesen Dingen weiter besondere Aufmerksamkeit widmet. Wie bekannt, ist in der Bundesrepublik die Überwachung der Atmosphäre auf künstlich radioaktive Verseuchungsprodukte bereits gesetzlich zur Pflicht gemacht.

Jede Energieerzeugung ist mit gewissen Gefahren verbunden. Es ist eine selbstverständliche Pflicht der Energieproduktion, auch die damit verbundene Gefährdung im Auge zu behalten und durch geeignete Maßnahmen in vertretbaren Grenzen zu halten.

VIII. Luftelektrizität und Biologie

Wir wollen zur Abrundung unserer Darstellung des luftelektrischen Geschehens noch kurz die Frage behandeln, ob diesem in biologischer Hinsicht eine Bedeutung zukommt. Die im vorigen Kapitel angedeutete Möglichkeit einer *unmittelbaren* biologischen Gefährdung durch radioaktive Strahlungen können wir dabei ebenso aus der Betrachtung ausschließen, wie etwa die Gefährdung durch einen Blitzschlag; denn beide sind als direkte Folgen

* Die Einheit „*r*" („Röntgen") ist als Dosiseinheit für Röntgen- und Gammastrahlung international definiert als diejenige Strahlenmenge, die in 1,293 mg Luft (1 cm^3 Luft) $2{,}08 \cdot 10^9$ Ionenpaare erzeugt. Die Menge von 0,3 *r* pro Woche entspricht einer Strahlungsstärke, welche pro cm^3 und Sek. 1000 Ionenpaare entstehen läßt.

einer übergroßen Strahlung bzw. Stromstärke in den Organismen *eindeutig* feststellbar. Die Schwierigkeit liegt bei den schwachen Wirkungen, zu denen in der Regel in den Organismen *keine* direkten und eindeutig zuzuordnenden Reaktionen mehr festgestellt werden können.

Es ist eine bekannte Tatsache, daß viele Menschen, wie man sagt — „wetterfühlig" sind. Meteorologisch-biologische Grenzfragen haben deshalb von jeher aufmerksames Interesse gefunden. Man hat im Laufe der naturwissenschaftlichen Entwicklung wohl keines der geophysikalisch-meteorologischen Einzelelemente außer acht gelassen und nach Korrelationen zu biologischen Vorgängen gesucht. Insbeondere haben Neuentdeckungen bestimmter Erscheinungen jeweils die Hoffnung erweckt, den für die Wetterfühligkeit entscheidenden Faktor gefunden zu haben: Ionisation der Luft, Radioaktivität, Ozongehalt, Druckschwankungen u. a. wurden als Ursachen dessen angesehen — bis man mit gewisser Resignation früher oder später immer wieder erkennen mußte, daß sie höchstens „evtl. mitbeteiligt" sein können.

Daß in diesem Zusammenhang die fortschreitende Erkenntnis auf luftelektrischem Gebiet immer wieder Anlaß zu neuen Hypothesen gewesen ist und heute noch ist, versteht sich von selbst. Das Schrifttum zu diesen Kombinationen umfaßt heute einen weiten Bereich von der vorsichtigen Vermutung bis zur gewagtesten Behauptung und macht es dem nicht fachkundigen Leser nahezu unmöglich, sich ein zutreffendes Urteil zu bilden: Bald wird empfohlen, das Wohlbefinden durch ein künstliches elektrisches Feld zu erhöhen, dann wieder wird Aufenthalt in einem abschirmenden Drahtkäfig angeraten; Verkehrsunfälle sollen mit der Häufigkeit von „atmospherics" in Verbindung stehen, Pflanzen und Tiere je nach ihrer Art ein positives oder negatives Feld bevorzugen, Wünschelruten-Effekt und „Erdstrahlenwirkung" durch luftelektrische Wirkungen erklärbar sein und anderes mehr.

Beispiele dieser Art ließen sich leicht vermehren. Indeß ist es nicht die Absicht dieser Zeilen, physikalische Kuriosa aufzuzählen. Vielmehr erscheint es heute mehr denn je notwendig, auf Grund des oben entwickelten Bildes der luftelektrischen Gegebenheiten kurz zu diskutieren, ob und gegebenenfalls welche Möglichkeiten für luftelektrisch-biologische Wirkungen bestehen.

Die Erfahrung zeigt, daß die Wetterfühligkeit in gleicher Weise im Hausinnern wie im Freien auftritt. Damit ist für unsere Frage ein entscheidendes Kriterium gewonnen; *alle atmosphärischen Ereignisse, die nicht ungehindert in geschlossene Räume einzudringen vermögen, scheiden aus der Reihe der Faktoren aus, die unmittelbar bioklimatisch wirksam sein können!*

Betrachten wir unter diesem Gesichtspunkt die luftelektrischen Elemente, so sind das stationäre luftelektrische Feld und der Vertikalstrom aus der Reihe der biologisch-wirksamen Elemente zu streichen, denn sie können in geschlossene Räume nicht eindringen. Dies wird sofort klar, wenn wir uns daran erinnern, daß der spezifische Widerstand der Luft etwa 10^{15} Ohm · cm beträgt gegenüber etwa 10^{5} Ohm · cm von trockenem Erdreich und Baumaterialien. Hauswände stellen also neben dem hochisolierenden Feldraum der Luft praktisch Leiter dar, an denen ein in der Luft bestehendes Feld restlos zusammenbricht. Aus dem gleichen Grund wird der im Luftraum fließende Vertikalstrom von den Hauswänden aufgenommen und zur Erde abgeleitet, ohne in die Hohlräume im Gebäudeinneren eindringen zu können. Metallische Armierungen in den Wänden sind ohne Einfluß bzw. erhöhen noch die Schirmwirkung.

Zur Frage, ob Schwankungen des Feldes im Hausinneren wirksam werden können, ergibt sich, daß hochfrequente Schwankungen, wie sie z. B. die elektrischen Wellen darstellen, die Hauswände im allgemeinen fast ungehindert durchsetzen (Radioempfang mit Zimmerantenne!), daß aber die langsamen Schwankungen des Feldes von Stunden, Minuten und Sekunden Dauer vom Hausinneren ebenso ausgeschlossen bleiben wie das stationäre Feld selbst*.

Völlig anders liegen die Verhältnisse beim Gehalt der Luft an Suspensionen. Diese sind im Freien wie im Zimmer vorhanden und zeigen im Hausinneren in der Regel fast die gleichen Veriationen wie im Freien. Offenbar findet normalerweise durch die

* Die Möglichkeit, daß durch die Modulation einer Trägerwelle Variationen geringerer Schwingungsdauer durch eine absorbierende Hauswand eingeschleust werden können, als diese ohne Vorhandensein der Trägerwelle durchlassen würde, ist im Funkempfang mit Zimmerantenne realisiert, beim luftelektrischen Feld und seinen langsamen Variationen aber mangels entsprechender Trägerwelle nicht gegeben.

unvermeidbaren Fugen und Spalten der Fenster und Türen — auch ohne besondere Lüftung — ein genügender Luftaustausch statt, der die Änderungen des Aerosolzustandes in die Wohnräume eindringen läßt. — Der Aerosolzustand der Luft erfüllt also die oben formulierte Forderung und *kann* somit ein unmittelbar wirksames Klimaelement darstellen. Allerdings darf nicht übersehen werden, daß der Aerosolzustand entscheidend vom Menschen und seiner Tätigkeit beeinflußt wird (s. o. Kapitel III) und daß speziell in geschlossenen Räumen durch Rauchen, Kochen usw. im allgemeinen wesentlich größere Aerosolveränderungen bewirkt werden, als sie durch witterungsabhängige Wirkungen von außen her eindringen.

Damit ist die Frage nach der Möglichkeit unmittelbarer luftelektrisch-biologischer Wirkungen wie folgt zu beantworten:

Sofern überhaupt einem Einzelelement eine entscheidende Rolle zufallen kann, ist dies bei den luftelektrischen Größen nur für

a) *Ionengehalt bzw. Aerosolzustand,*

b) *Feldschwankungen hochfrequenter Natur möglich!*

Um Mißverständnissen vorzubeugen, soll *klar* ausgesprochen werden, daß damit lediglich eine Abgrenzung der Wirkungs-*Möglichkeiten* gegeben ist! Zu der Frage, *ob* dem Aerosol oder den hochfrequenten Feldschwankungen tatsächlich eine biologische Bedeutung zukommt oder nicht, ist damit nichts gesagt. Diese Frage hier auch nur annähernd zu diskutieren, verbietet der zur Verfügung stehende Raum. Wir wollen uns deshalb mit einigen allgemeinen abschließenden Bemerkungen begnügen:

Mit der Einführung des Begriffes „Klima-Akkord"* tritt an Stelle der Frage nach der unmittelbaren biologischen Bedeutung eines Elementes oder Vorganges die allgemeinere Frage nach seiner Bedeutung in eben diesem Akkord. Dabei kann sich dann das betr. Element bzw. der betr. Vorgang sowohl als unmittelbar an der Klimawirkung beteiligt erweisen als auch seine Bedeutung nur in einer zusätzlichen Indikatoraussage für die Akkord-Definition haben. Wirkungen, die nicht ins Hausinnere eindringen,

* Es hat sich weitgehend die Erkenntnis durchgesetzt, daß bei medizinmeteorologischen Fragen die Suche nach *einem* Wirkungsfaktor nicht zum Ziele führt, daß vielmehr nur die Betrachtung des Zusammenwirkens aller zu einem „Klima-Akkord" vereinigten Einzelwirkungen Aussicht auf eine erfolgreiche Korrelation bietet.

können *nur* als Indikatoren gewertet werden, andere zu beiden Gruppen gehören.

Da eine wettermäßige Bindung zahlreicher biologischer Vorgänge außer Frage stehen und nach dem in den vorigen Kapiteln entworfenen Bild klare Zusammenhänge zwischen Luftelektrizität und Meteorologie bestehen, ist es leicht, auch Korrelationen zwischen Luftelektrizität und Biologie aufzustellen. Diese dürfen jedoch *nicht*, wie es leider immer wieder geschieht, als Hinweise auf versteckte kausale Verknüpfungen gewertet und entsprechend ausgelegt werden.

Trotzdem sich die oben skizzierte Betrachtungsweise der bioklimatischen Zusammenhänge, die an Stelle von Einzelwirkungen den Klima-Akkord zu erfassen sucht, heute fast allgemein eingebürgert hat, wird hie und da auch heute noch versucht, nur *ein* Agens für solche Wirkungen verantwortlich zu machen und kausale Verknüpfungen zwischen der Variation dieses einen Klimaelementes und biologischen Geschehnissen aufzustellen. Daß zu solchen Versuchen mit Vorliebe gerade diejenigen Erscheinungen herangezogen werden, die *nicht* zum selbstverständlichen allgemeinen Wissensgut gehören, mag „psychologische" Gründe haben: Behauptungen über atmospherics oder das luftelektrische Feld sind vom Nichtfachmann schwerer nachzuprüfen als solche über die bodennahe Temperatur oder die Sonnenscheindauer.

Zur Frage, ob solare Einwirkungen über ein luftelektrisches Bindeglied möglich sind, ist zu sagen, daß nach bisherigen Untersuchungen zu dieser Frage Vorgänge auf der Sonne, die zu starken Veränderungen in der Hochatmosphäre, Nordlicht u. a. Erscheinungen Anlaß geben (Eruptionen u. ä.) sich in den luftelektrischen Verhältnissen der unteren Atmosphäre nicht merklich auswirken. Ein im luftelektrischen Geschehen verankertes Bindeglied kann also nicht angenommen werden. Lediglich die atmospherics erfahren eine den veränderten Bedingungen der Ionosphäre entsprechende Beeinflussung. Ähnlich unsicher ist übrigens auch die Auswirkung des 11jährigen Sonnenfleckenzyklus auf das luftelektrische Feld.

Schließlich bleibt auf eine nicht unbedenkliche Anwendung vermuteter oder „bewiesener" Zusammenhänge dieser Art hinzuweisen, wie sie gelegentlich versucht wird: Die Anwendung statistischer Aussagen auf den Einzelfall. — Es darf nie übersehen werden, daß die Wirkung der physikalischen Umwelteinflüsse von einem Individuum zum anderen durchaus verschieden ist. Da die biologischen Einzelindividuen, deren jedes seine eigene Reaktionslage und Reaktionsbreite hat, einem ununterbrochen schwankenden Komplex von Einzelwirkungen unterliegen, kann der Versuch, zwischen beiden Schwankungsbereichen die verbindenden Fäden aufzufinden, eben bestenfalls nur statistische Aussagen liefern. *Eine Anwendung solcher Aussagen auf den Einzelfall widerspricht den Gesetzen der Statistik und ist demgemäß unstatthaft!* Schon allein aus diesem Grund muß z. B. die Verwendung derartiger Ergebnisse zur Beeinflussung gerichtlicher Entscheidungen, wie sie in letzter Zeit gelegentlich versucht wird, auf das Nachdrücklichste abgelehnt werden. Dies müßte auch dann gelten, wenn die betreffenden Zusammenhänge statistisch einwandfrei bewiesen wären.

Anhang

Tabelle A. *Umrechnungstafel mit abgerundeten Umrechnungsfaktoren für die am häufigsten gebrauchten Größen*

Größe	el. stat. CGS	el. magn. CGS	m-s-V-A-System
Spannung	1 Ves	$= 3 \cdot 10^{10}$ Vem	$= 300$ Volt
	$\frac{1}{3} \cdot 10^{-10}$ „	$= 1$ „	$= 10^{-8}$ „
	$\frac{1}{3} \cdot 10^{-2}$ „	$= 10^{8}$ „	$= 1$ „
Strom-stärke	1 Aes	$= \frac{1}{3} \cdot 10^{-10}$ Aem	$= \frac{1}{3} \cdot 10^{-9}$ Ampere
	$3 \cdot 10^{10}$ „	$= 1$ „	$= 10$ „
	$3 \cdot 10^{9}$ „	$= 0{,}1$ „	$= 1$ „
Ladung	1 Ces	$= \frac{1}{3} \cdot 10^{-10}$ Cem	$= \frac{1}{3} \cdot 10^{-9}$ Ampere · s
	$3 \cdot 10^{10}$ „	$= 1$ „	$= 10$ „
	$3 \cdot 10^{9}$ „	$= 0{,}1$ „	$= 1$ „
Raum-ladungs-dichte	$1 \frac{\text{Ces}}{\text{cm}^3}$	$= \frac{1}{3} \cdot 10^{-10} \frac{\text{Cem}}{\text{cm}^3}$	$= \frac{1}{3} \cdot 10^{-3} \frac{\text{A} \cdot \text{s}}{\text{m}^3}$
	$3 \cdot 10^{10}$ „	$= 1$ „	$= 10^{7}$ „
	$3 \cdot 10^{3}$ „	$= 10^{-7}$ „	$= 1$ „
Kapazität	1 Fes	$= \frac{1}{9} \cdot 10^{-20}$ Fem	$= \frac{1}{9} \cdot 10^{-11}$ Farad (As/V)
	$9 \cdot 10^{20}$ „	$= 1$ „	$= 10^{9}$ „
	$9 \cdot 10^{11}$ „	$= 10^{-9}$ „	$= 1$ „
Wider-stand	1 Oes	$= 9 \cdot 10^{20}$ Oem	$= 9 \cdot 10^{11}$ Ohm
	$\frac{1}{9} \cdot 10^{-20}$ „	$= 1$ „	$= 10^{-9}$ „
	$\frac{1}{9} \cdot 10^{-11}$ „	$= 10^{9}$ „	$= 1$ „
Spez. Wider-stand	1 Oes · cm	$= 9 \cdot 10^{20}$ Oem · cm	$= 9 \cdot 10^{9}$ Ohm · m
	$\frac{1}{9} \cdot 10^{-20}$ „	$= 1$ „	$= 10^{-11}$ „
	$\frac{1}{9} \cdot 10^{-9}$ „	$= 10^{11}$ „	$= 1$ „
Leitfähig-keit	$1\ \lambda_s$	$= \frac{1}{9} \cdot 10^{-20}\ \lambda_m$	$= \frac{1}{9} \cdot 10^{-9}$ $\text{Ohm}^{-1}\ \text{m}^{-1}$
	$9 \cdot 10^{20}$ „	$= 1$ „	$= 10^{11}$ „
	$9 \cdot 10^{9}$ „	$= 10^{-11}$ „	$= 1$ „

Tabelle B. *Die elektrischen Größen im elektrostatischen CGS-* mit genauen Umrechnungs-

Größe	Elektrostatisches CGS-System			
	Symbol[1])	Einheit	Dimension	Zum Übergang in m-s-V-A-System zu multiplizieren mit
Spannung	U	Ves[2])	$cm^{1/2}\,g^{1/2}\,s^{-1}$	$2{,}9966 \cdot 10^{2}$
Stromstärke	J	Aes	$cm^{3/2}\,g^{1/2}\,s^{-2}$	$3{,}3361 \cdot 10^{-10}$
Stromdichte	$\vec{G}$	Aes/cm^2	$cm^{-1/2}\,g^{1/2}\,s^{-2}$	$3{,}3361 \cdot 10^{-6}$
Feldstärke	$\vec{E}$	Ves/cm	$cm^{-1/2}\,g^{1/2}\,s^{-1}$	$2{,}9966 \cdot 10^{4}$
Ladung	Q	Ces	$cm^{3/2}\,g^{1/2}$	$3{,}3361 \cdot 10^{-10}$
Raumladungsdichte .	η	Ces/cm^3	$cm^{-3/2}\,g^{1/2}\,s^{-1}$	$3{,}3361 \cdot 10^{-4}$
Flächenladungsdichte	σ	Ces/cm^2	$cm^{-1/2}\,g^{1/2}\,s^{-1}$	$3{,}3361 \cdot 10^{-6}$
Kapazität	C	Fes	cm	$1{,}1133 \cdot 10^{-12}$
Widerstand	R	Oes	$cm^{-1}\,s$	$0{,}8982 \cdot 10^{12}$
Spez. Widerstand . .	ϱ	Oes · cm	s	$0{,}8982 \cdot 10^{10}$
Leitfähigkeit	$\varkappa$	λ_s	s^{-1}	$1{,}1133 \cdot 10^{-10}$
Dielektrische Verschiebungsdichte .	$\vec{D}$		$cm^{-1/2}\,g^{1/2}\,s^{-1}$	$3{,}3361 \cdot 10^{-6}$
Abs. Dielektrizitätskonstante	ε		unbenannte Zahl	$0{,}8859 \cdot 10^{-11}$
Elektrisierung (Polarisation) . . .	$\vec{P}$		$cm^{-1/2}\,g^{1/2}\,s^{-1}$	$3{,}3361 \cdot 10^{-6}$
Elektr. Moment . . .	$\vec{M_e}$		$cm^{5/2}\,g^{1/2}\,s^{-1}$	$3{,}3361 \cdot 10^{-12}$
Elektr. Polarisierbarkeit	α		cm^3	$1{,}1133 \cdot 10^{-16}$

[1]) Auf die Verwendung deutscher (gotischer) Buchstabensymbole für die vektoriellen Größen ist verzichtet. Die betreffenden Symbole sind durch einen Pfeil über dem Buchstaben gekennzeichnet.

[2]) Nach einem Vorschlag von H. Benndorf [2] sollte man zur symbolischen Bezeichnung der wichtigsten elektrischen Größen die gleichen Buchstaben verwenden und ihre Zugehörigkeit zum elektrostat. und elektromagn. CGS-System durch Anhängen der Buchstaben „es“ und „em“ kennzeichnen. Aussprache: A-es, C-es usw.

System, im elektromagnetischen CGS-System und im m-s-V-A-System
faktoren nach U. STILLE [1]

Elektromagnetisches CGS-System			m-s-V-A-System	
Einheit	Dimension	Zum Übergang in m-s-V-A-System zu multiplizieren mit	Einheit (Dimension)	Abkürzung
Vem[2])	$cm^{3/2}\, g^{1/2}\, s^{-2}$	$0{,}9996 \cdot 10^{-8}$	Volt	V
Aem	$cm^{1/2}\, g^{1/2}\, s^{-1}$	$1{,}0001 \cdot 10$	Ampere	A
Aem/cm²	$cm^{-3/2}\, g^{1/2}\, s^{-1}$	$1{,}0001 \cdot 10^{5}$	Ampere/m²	A/m²
Vem/cm	$cm^{1/2}\, g^{1/2}\, s^{-2}$	$0{,}9996 \cdot 10^{-6}$	Volt/m	V/m
Cem	$cm^{1/2}\, g^{1/2}$	$1{,}0001 \cdot 10$	Ampere · s = Coulomb	As = C
Cem/cm³	$cm^{-5/3}\, g^{1/2}$	$1{,}0001 \cdot 10^{7}$	Ampere · s/m³	As/m³
Cem/cm²	$cm^{-3/2}\, g^{1/2}$	$1{,}0001 \cdot 10^{5}$	Ampere · s/m²	As/m²
Fem	$cm^{-1}\, s^{2}$	$1{,}0005 \cdot 10^{9}$	Ampere · s/Volt = Farad	As/V = F
Oem	$cm \cdot s^{-1}$	$0{,}9995 \cdot 10^{-9}$	Volt/Ampere = Ohm	V/A = Ω
Oem · cm	$cm^{2} \cdot s^{-1}$	$0{,}9995 \cdot 10^{-11}$	Ohm · m	Ω m
λ_m	$cm^{-2}\, s$	$1{,}0005 \cdot 10^{11}$	$Ohm^{-1} \cdot m^{-1}$	$\Omega^{-1}\, m^{-1}$
	$cm^{-3/2}\, g^{1/2}$	$1{,}0001 \cdot 10^{5}$	Ampere · s/m²	As/m²
	$cm^{-2}\, s^{2}$	$0{,}7962 \cdot 10^{10}$	Ampere · s/Volt · m = Farad/m	A/sVm = F/m
	$cm^{-3/2}\, g^{1/2}$	$1{,}0001 \cdot 10^{5}$	Ampere · s/m²	As/m²
	$cm^{3/2}\, g^{1/2}$	$1{,}0001 \cdot 10^{-1}$	Ampere · s · m	Asm
	cm^{3}	$1{,}1133 \cdot 10^{-16}$	Ampere · s · m²/Volt	Asm²/V

[1] U. STILLE, Z. Physik **121** (1943) 34, 133. Ders.: „Umrechnungstafeln" Verl. Fr. Vieweg, Braunschweig, 1944.
[2] H. BENNDORF, Physik. Z. **25** (1924) 60.

Sachverzeichnis